建筑百科大世界丛书

现代建筑

谢宇 主编

花山文艺出版社

河北·石家庄

图书在版编目（CIP）数据

现代建筑 / 谢宇主编. -- 石家庄 : 花山文艺出版社，2013.4（2022.3重印）
（建筑百科大世界丛书）
ISBN 978-7-5511-0882-9

Ⅰ.①现… Ⅱ.①谢… Ⅲ.①建筑艺术－世界－现代－青年读物②建筑艺术－世界－现代－少年读物 Ⅳ.①TU-861

中国版本图书馆CIP数据核字(2013)第080219号

丛 书 名：建筑百科大世界丛书
书　　名：现代建筑
主　　编：谢　宇

责任编辑：尹志秀　甘宇栋
封面设计：慧敏书装
美术编辑：胡彤亮
出版发行：花山文艺出版社（邮政编码：050061）
（河北省石家庄市友谊北大街 330号）
销售热线：0311-88643221
传　　真：0311-88643234
印　　刷：北京一鑫印务有限责任公司
经　　销：新华书店
开　　本：880×1230　1/16
印　　张：10
字　　数：151千字
版　　次：2013年5月第1版
2022年3月第2次印刷
书　　号：ISBN 978-7-5511-0882-9
定　　价：38.00元

（版权所有　翻印必究 · 印装有误　负责调换）

编委会名单

主　　编　谢　宇

副 主 编　裴　华　刘亚飞　方　颖

编　　委　李　翠　朱　进　章　华　郑富英　冷艳燕
吕凤涛　魏献波　王　俊　王丽梅　徐　伟
许仁倩　晏　丽　于承良　于亚南　张　娇
张　淼　郑立山　邹德剑　邹锦江　陈　宏
汪建林　刘鸿涛　卢立东　黄静华　刘超英
刘亚辉　袁　玫　张　军　董　萍　鞠玲霞
吕秀芳　何国松　刘迎春　杨　涛　段洪刚
张廷廷　刘瑞祥　李世杰　郑小玲　马　楠

前 言

建筑是指人们用土、石、木、玻璃、钢等一切可以利用的材料，经过建造者的设计和构思，精心建造的构筑物。建筑的目的是获得建筑所形成的能够供人们居住的"空间"，建筑被称作"凝固的音乐""石头史书"。

在漫长的历史长河中留存下来的建筑不仅具有一种古典美，而且其独特的面貌和特征更让人遥想其曾经的功用和辉煌。不同时期、不同地域的建筑各具特色，我国的古代建筑种类繁多，如宫殿、陵园、寺院、宫观、园林、桥梁、塔刹等；现代建筑则以钢筋混凝土结构为主，并且具有色彩明快、结构简洁、科技含量高等特点。

建筑不仅给了我们生活、居住的空间，还带给了我们美的享受。在对古代建筑进行全面了解的过程中，你还将感受古人的智慧，领略古人的创举。

"建筑百科大世界丛书"分为《宫殿建筑》《楼阁建筑》《民居建筑》《陵墓建筑》《园林建筑》《桥梁建筑》《现代建筑》《建筑趣话》八本。丛书分门别类地对不同时期的不同建筑形式做了详细介绍，比如统一六国的秦始皇所居住的宫殿咸阳宫、隋朝匠人李春设计的赵州桥、古代帝王为自己驾崩后修建的"地下王宫"等，内容丰富，涵盖面广，语言简洁，并且还穿插有大量生动有趣的"小故事"版块，新颖别致。书中的图片都是经过精心筛选的，可以让读者近距离地感受建筑的形态及其所展现出来的魅力。打开书本，展现在你眼前的将是一个神奇与美妙并存的建筑王国！

丛书融科学性、知识性和趣味性于一体，不仅能让读者学到更多的知识，还能培养他们对建筑这门学科的兴趣和认真思考的能力。

丛书编委会

2013年4月

目 录

现代建筑艺术

看到“现代建筑”这个词，我们的脑海中实际上就已经建立起了一种有关建筑形式风格的概念。现代建筑有别于在此之前盛行的具有复古主义思想的折中主义建筑，包括原国民政府竭力推崇的“中国固有式”建筑以及模仿西方历史上各种形式的西洋建筑，它以形式自由、造型简洁、注重功能、经济合理、没有装饰或只有少量装饰的特点而成为时代的新风格。现代建筑是在欧洲现代建筑运动的影响下，中国特定社会背景及地区环境中产生的新型建筑，是众多因素综合作用的结果。中国现代建筑从形式及设计思想上来看具有不同于其他国家的风格及类型。

现代主义建筑是这一新风格建筑中最具思想深度及时代先进性的令人瞩目的建筑类型，尽管数量不多，但正是这为数不多的作品使得中国近代建筑价值观念的取向更加明确。如上海雷米小学（1933）、上海虹桥疗养院（1934）、上海孙克基产妇医院（1935），是比较早的现代主义建筑作品，这三例作品的规模虽然较小，但在设计思想上体现出了“体量组合及立面造型追随内部功能”的基本原则，在建筑结构造型上，这三者均采用具有建筑技术先进性的钢筋混凝土结构，这些作品经济、实用、卫生、简洁、不求奢华的清新格调传达了一种即将到来的新建筑时代精神。之后建成的青岛汇泉角东海饭店（1936）、大连火车站（1937）等作品则是较大规模的公共建筑。大连火车站极为简洁的建

筑体型、高度净化的立面竖窗处理、建筑主体与坡道广场的关系处理以及处处为旅客着想的功能安排可以看出建筑师在功能主义原则下，带有极端性地表现现代主义建筑美学观的动机，整体效果给人以强烈的现代震撼。

从复古风格到现代主义，建筑形式风格的变化并不是突变和跳跃式的，现代建筑的大多数作品风格处于这两者之间的过渡状态，从时序上来说，就在现代主义作品出现之前以及出现的同时，这种“中间状态”的现代建筑一直是构成现代风格的主体部分，这说明在近代，中国的现代主义建筑仍处于萌芽及先锋作品时期，而中间状态的现代建筑却经过了充分盘整合发展，成为中国早期现代作品的主体。当现代新风吹来的时候，“西洋复古建筑”及“中国固有建筑”两种设计思想首先与现代思潮相结合而形成两种现代风格，前者表现为体量组合及立面构图，仍追求历史样式的均衡、对称、稳重，建筑局部保留西洋图案装饰，但整体风格简洁并具有现代感，作品实例如沈阳原奉天自动电话交换局（1928）、清华大学化学馆（1931）、青岛原大陆银行青岛分行（1934）、武汉四明银行（1936）、哈尔滨会馆（1936）等，这些建筑具有古典的骨架、西洋的装饰及现代的风格，是西洋复古风格向现代主义风格脱胎换骨过程的中间形象。后者则表现为对称的体量、庄重的立面构图、中国式的局部装饰、简洁的现代风格，作品如北京交通银行（1931）、吉林大学东西教学修（1931）、南京原首都中央运动场（1933）、南京中央医院（1933）、南京原国民政府外交部（1933）、上海中国银行（1936）等，这类作品当时被称作“简朴实用式略带中国色彩”，它是“中国固有式”建筑思想的新形式，为以“宫殿形式”表现中国固有特色的创作途径摆脱了困境，这类建筑大多由中国建筑师设计，集中体现了近代中国建筑师具有西洋古典建筑文化、中国传统建筑文化以及现代建筑文化三重建筑文化观念

的特点，它是这三种建筑文化观的矛盾统一体。

艺术装饰风格是另一种“中间状态”的现代建筑类型。艺术装饰风格起源于1925年法国巴黎的“艺术装饰与现代工业国际博览会”，20世纪20年代末流传到美国形成一种流行的建筑风格，同期也传播到中国，成为中国现代建筑的一种主流风格。这一风格的建筑继承了意大利未来主义和立体主义的某些特征，追求挺直的几何造型及光滑的流线形式，注重对称的构图、重复的序列、几何图案的装饰效果，建筑中常用阶梯形的体量组合、横竖线条的构成立面、圆形的舷窗、圆弧形转角、浮雕装饰等手法，同时又具有现代建筑简洁明快的时代特征。上海的多数现代建筑如上海大光明电影院、国际饭店、万国储蓄会公寓、汉弥尔登大厦、百老汇大厦、大陆商场、大新公司等作品均属于这类艺术装饰风格。

天安门广场

天安门广场位于北京的心脏地带，北起天安门，南至正阳门，东起历史博物馆，西至人民大会堂，南北长880米，东西宽500米，面积达44万平方米，是世界上最大的城市中心广场，可容纳100万人的盛大集会。地面全部由经过特殊工艺技术处理的浅色花岗岩条石铺成。每天清晨的升国旗和每天日落时分的降国旗是最庄严的仪式，看着朝霞辉映中鲜艳的五星红旗，心中升腾的是激昂与感动。同时，天安门广场是无数重大政治、历史事件的发生地，是中国从衰落到崛起的历史见证。天安门广场于1986年被评为“北京十六景”之一，景观名“天安丽日”。

天安门广场承载了中国人民不屈不挠的革命精神和大无畏的英雄气概，五四运动、一二·九运动、五二〇运动都在这里为中国现代革命史留下了浓重的色彩。新中国成立后，天安门广场被拓宽，广场中央修建起了人民英雄纪念碑，后又分别在广场的西侧修建了人民大会堂，东侧修建了中国革命博物馆和中国历史博物馆，南侧修建了毛主席纪念堂。

天安门建于明永乐十五年（1417），原名“承天门”，清顺治八年（1651）改建后称“天安门”。城门五阙，重楼九楹，通高33.7米。在2000余平方米雕刻精美的汉白玉须弥基座上，是高10余米的红白墩台，墩台上是金碧辉煌的天安门城楼。城楼下是碧波粼粼的金水河，河上有五座雕琢精美的汉白玉金水桥。城楼前两对雄健的石狮和挺秀的华表巧妙地结合在一起，使天安门成为一座完美的建筑艺术杰作。

1949年10月1日，毛泽东主席在天安门城楼上宣告中华人民共和国成立，并亲手升起第一面五星红旗。从此天安门城楼成为新中国的象征，它庄严肃穆的形象是中国国徽的重要组成部分。

整个广场宏伟壮观、整齐对称、浑然一体、气势磅礴。天安门两边是劳动人民文化宫和中山公园，这些雄伟的建筑与天安门浑然一体构成了天安门广场，成为北京的一大胜景。

人民大会堂

人民大会堂位于北京市中心天安门广场西侧，西长安街南侧。人民大会堂是中国全国人民代表大会召开的地方，是全国人大代表和全国人大常委的办公场所，是党、国家和各人民团体举行政治活动的重要场所，也是中国国家领导人和人民群众举行政治、外交、文化活动的场所。人民大会堂坐西朝东，南北长336米，东西宽206米，高46.5米，占地15万平方米，建筑面积为17.18万平方米。比故宫的全部建筑面积还要大。每年举行的全国人民代表大会、中国人民政治协商会议以及每五年一届的中国共产党全国代表大会全部在此召开。

人民大会堂的建设来源于1959年中华人民共和国建国十周年纪念，中国共产党、中央人民政府、国务院决定兴建十大建筑，展现十年来的建设成就。这些建筑追求建筑艺术和城市规划、人文环境相协调。人民大会堂为建国十周年首都十大建筑之一，完全由中国工程技术人员自行设计、施工，1958年10月动工，1959年9月建成，仅用了10个多月的时间，是中国建筑史上的一大创举。

人民大会堂巍峨壮观，建筑平面呈“山”字形，两翼略低，中部稍高，四面开门。外表为浅黄色花岗岩，上有黄绿相间的琉璃瓦屋檐，下有5米高的花岗岩基座，周围环列有134根高大的圆形廊柱。人民大会堂正门面对天安门广场，正门门额上镶嵌着中华人民共和国国徽，正门迎面有12根浅灰色大理石门柱，正门柱直径为2米，高25米。四面门前有5米高的花岗岩台阶。

人民大会堂建筑风格庄严雄伟，壮丽典雅，富有民族特色，配合四周层次分明的建筑，构成了一幅天安门广场整体的庄严绚丽的图画。人民大会堂的建筑主要由三部分构成：进门便是简洁典雅的中央大厅，厅后是宽达76米、深60米的万人大会堂；大会场北翼是有5000个席位的大宴会厅；南翼是全国人大常务委员会办公楼。内部设施齐全，有声、光、温控制和自动消防报警、灭火等现代化设施。

东门是人民大会堂的正门，也是万人大礼堂的入口处。在5樘金黄色铜门上方悬挂着一枚巨大的国徽。门前有开阔的广场，也是举行欢迎国宾仪式、检阅三军仪仗队的地方。

从东门进入人民大会堂，经风门厅、过厅到中央大厅。中央大厅的面积为3600平方米，护墙和地面用彩色大理石铺砌，周围有20根汉白玉明柱，中层有12米宽的回廊，有6扇正门通往万人大礼堂。

万人大礼堂南北宽76米，东西进深60米，高33米，位于大会堂的中心区域。其穹隆顶、大跨度、无立柱结构。三层座椅，层层梯升。礼堂平面呈扇形，坐在任何一个位置上均可看到主席台。一层设座位3693个，二层3515个，三层2518个，主席台可设座300～500个，总计可容纳1万人。主席台台面宽32米，高18米；共分3层，设有近万个软席座位。礼堂一层的每个席位前都装有会议代表电子服务单位，可进行12种语言的同声传译和议案表决即时统计。二、三层的每个座位中则装有喇叭，均能清晰地听到主席台的声音。主席台两侧设有会议信息大屏幕显示系统。礼堂顶棚呈穹

窿形与墙壁圆曲相接，体现出“水天一色”的设计思想。顶部中央是红宝石般的巨大红色五角星灯，周围有鎏金的70道光芒线和40个葵花瓣，三环水波式暗灯槽，一环大于一环，与顶棚500盏满天星灯交相辉映。

北京工人体育馆

北京工人体育馆位于朝阳区三里屯工人体育场北路，是1961年2月为举办第26届世乒赛兴建的，它也是最早出现在新中国邮票上的体育馆。该馆建成于1961年2月28日，能同时容纳1.5万名观众。工人体育馆是工人体育场三组建筑群：北京工人体育场、北京工人体育馆和游泳场中的重要组成部分。

工人体育馆内除中心馆外，还有羽毛球馆等专用场馆。而其中著名的富国海底世界，是中华人民共和国和新西兰合作兴建的北京第一家五星级大型海水水族馆，拥有亚洲最长的120米亚克力胶海底隧道。

作为著名的体育比赛场馆和演艺活动场地，北京工人体育馆多年来已经举办了数千场各种形式的活动，成为北京重要的娱乐体育活动中心，在国际上也享有很高的知名度，伴随着各项活动的不断举行，场馆内的各项设施也在不断更新、完善，工人体育馆将以更新的面貌迎接各方来客，并将成为人们娱乐、休闲、健身的一大选择。

作为20世纪50年代“十大建筑”之一的工人体育馆，留给北京人许多美好的回忆和辉煌的荣耀。工人体育馆建成后一直是北京地区举行大型活动的重要场所，建筑面积约4万平方米，地下一层，地上四层，整体形式为圆形，顶棚为辐轮式悬索结构，跨度达94米，堪称该结构的经典范例。尽管修建时间较长，但很多设计理念和结

构都具有标志性的意义。为此，此次改造最大限度地保留了原来的外观和结构，只是重新进行了清洗和粉饰，就连门上的镂空装饰都得以保留。即使是熟悉工人体育馆的老年人也不会感到陌生。

这次改建，工人体育馆外观上的最大变化在于窗户的更换。工人体育馆原来的窗户已经不能满足现代节能环保的要求，此次改建将全部更换为绿色环保的铝合金双层玻璃窗户。正是这个小小的变化让人眼前一亮。

工人体育馆经过此次改造后，作为2008年北京奥运会拳击比赛和残奥会柔道比赛场馆。改造后的工人体育馆除外观基本保持原样外，使用功能有了较大的增加，馆内通风、照明、机电等将进行全面改造更新，内部增加了记者席、贵宾席和贵宾休息室，使体育馆设计更加人性化、安全性更高、舒适性更强。

中国美术馆

中国美术馆是以收藏、研究、展示中国近现代艺术家作品为重点的国家造型艺术博物馆。1963年6月，毛泽东主席题写“中国美术馆”馆额，明确了中国美术馆的国家美术馆地位及办馆性质。主体大楼为仿古阁楼式，黄色琉璃瓦大屋顶，四周廊榭围绕，具有鲜明的民族建筑风格。主楼建筑面积为1.8万多平方米，一至五层楼共有17个展览厅，展览总面积为8300平方米，展线总长2110米，其中，一层有9个展厅，三层有5个展厅，五层有3个展厅。1995年在主楼后新建现代化藏品库，面积为4100平方米。

中国美术馆收藏各类美术作品10万余件，以新中国成立前后时期的作品为主，兼有明末、清代、民国初期艺术家的杰作。藏品主要为中国当代著名美术家的代表作品和重大美术展览获奖作品，以及丰富多彩的民间美术作品。此外还有外国美术作品1000余件。1999年，德国收藏家路德维希夫妇捐赠外国美术作品117件，包括4幅毕加索的油画。

中国美术馆得以蓬勃发展，离不开政府的支持和文化部的直接领导，政府成立了专项收藏资金，为美术馆艺术珍品的收藏奠定了良好的基础，而一些收藏家、艺术家们出自社会使命感和把艺术奉献大众的理念，向中国美术馆无私捐献，为中国美术馆藏品提供了更为丰富的资源。近年来，中国美术馆陆续接收了艺术家或家属捐赠的李平凡、刘迅、张仃、华君武、赵望云、唐一禾、滑田友、文楼、吴作人、靳尚谊、吴冠中等艺术家的作品，馆藏品与日俱增。

建馆50多年来，中国美术馆已举办数千场具有影响力的各类美术展览及国内外著名艺术家的作品展览。除举办具有影响力的全国性展览外，影响较大的国际展览有“美国哈默藏画500年名作原件展”“毕加索绘画原作展”“罗丹艺术大展”等。2008年举办的“盛世和光——敦煌艺术大展”打破了中国美术馆建馆以来的日参观量、月观众量和单项展览观众量三个记录，两个月内共接待观众66万人次，中国美术馆已成为向大众实施美学教育的重要艺术殿堂。

为把中国美术馆建成具有真正国际水准的国家现代美术博物馆，2002年5月，建筑师们开始对主楼实施改造装修工程。2003年5月竣工，展厅设施、灯光照明、楼宇自控、恒温恒湿、消防报警、安全监控系统都达到了国内领先水平。改造后的新馆运用了现代建筑的新技术，对传统格局加以扩展，为民族建筑文脉增添了新的内涵。2003年7月23日，正值建馆40周年之际，中国美术馆重新开放，引起了国内外艺术界的广泛关注。

北京电报大楼

北京电报大楼坐落在北京市西城区西长安街11号，是中国第一座最新式的电报大楼，是当时新中国电报通信的总枢纽。1956年 4 月21日北京电报大楼动工兴建，1958年10月1日，北京电报大楼正式投入生产。北京电报大楼的建筑总面积为2.01万平方米，总高度为73.37米，总长度为101米。俯视大楼为“山”字形，楼上装四面塔钟，气势恢宏，是人民邮电事业的代表性建筑之一。电报大楼的钟声曾是新中国、新北京的重要标志，其营业厅曾是亚洲最大的电信业务综合营业厅。

电报大楼是当时全国电信网的中心和全国电报网路的主要汇接局，与全国所有省会、直辖市、自治区首府、工商业大城市和重要海港、边防要塞均设有直达报路，同时与全世界各主要国家和地区都建有国际报路。

在电报业务鼎盛的20世纪80年代，北京电报大楼每月的业务交换量达300余万张。电报大楼悠扬的钟声至今仍然是北京的重要标志，时常会激起北京人的很多回忆。

伴随着国家发展规划的实施，信息化战略不断成为现实，北京的信息化进程不断深入推进，信息服务业的增长率步步攀升，综合信息服务的新需求不断涌现。面对新的形势，北京网通提出从传统电信运营商向综合信息服务企业转型，北京电报大楼也成为北京综合信息服务的重要集散地。

2008年是北京电报大楼落成50周年。

50年来，作为新中国通信事业发展的重要基础设施的代表，电报大楼在国家政治、经济、文化生活中起到了不可替代的作用，对我国通信事业的发展产生了巨大的影响。

北京电报大楼主要由报房、机房、营业厅和办公室几部分组成。营业大厅宽18米，深36米，凸出伸向北面，分前、后厅。前厅主要为用户服务台、公用电话间、长途电话候话室及休息室等；后厅为大理石营业柜台、写稿台及长途电话隔音间。大厅墙面及顶棚为无光油漆细拉毛。柱子为大理石贴面。地面为预制水磨石，主要色调为晚霞、东北红、墨玉及浅灰色。

自从电报大楼投入使用的那一天起，这座建筑就始终彻夜通明。20世纪90年代以前，电报大楼几乎是北京人通过电报、长途电话等通信手段与外界沟通的主要场所。尽管50年代北京著名的十大建筑中没有北京电报大楼，但在北京人，特别是在大楼附近的居民心中，它是北京的标志，是当之无愧的北京著名的十大建筑之一。

水 立 方

国家游泳中心又被称为“水立方”，位于北京市奥林匹克公园内，是北京为2008年奥运会修建的主游泳馆，也是2008年北京奥运会的标志性建筑物之一。它的设计方案是经全球设计竞赛产生的“水的立方”方案。2003年12月24日开工，2008年1月28日竣工。其与国家体育场(俗称“鸟巢”)分列于北京城市中轴线北端的两侧，共同构成相对完整的北京历史文化名城形象。国家游泳中心规划建设用地6.295万平方米，总建筑面积为6.5万～8万平方米，其中地下部分的建筑面积不少于1.5万平方米。

水立方是一个由钢结构支撑、膜结构覆盖的建筑。这样的材料让水立方看起来是一个充满现代感和科技感的建筑。到水立方旅游，你可以看到水立方坐拥的地理位置是得天独厚的，水立方和鸟巢分列于北京中轴线北端的两侧，遥相呼应的两个伟大建筑，诠释着北京文化名城的形象。水立方作为世界上最大的膜结构建筑，在比赛时期可以作为比赛用地，平时可供旅客参观。奥运会过后，水立方和鸟巢已成为北京市的新地标。

水立方的墙面和屋顶都分内外三层，设计人员利用三维坐标设计了30000多个钢质构件，这30000多个钢质构件在位置上没有一个是相同的。这些技术都是我国自主创新的科技成果，它们填补了世界建筑史上的空白。

在中国文化里，水是一种重要的自然元素，能激发起人们欢乐的情绪。国家游泳中心赛后将成为北京最大的水上乐园，所以设计者针对各个年龄层次的人，探寻水可以提供的各种娱乐方式，开发出水的各种不同的用途，他们将这种设计理念称作“水立方”。希望它能激发人们的灵感和热情，丰富人们的生活，并为人们提供一个记忆的载体。

为达到这个目的，设计者将水的概念深化，不仅利用水的装饰作用，还利用其独特的微观结构。基于“泡沫”理论的设计灵感，他们为“方盒子”包裹上了一层建筑外皮，上面布满了酷似水分子结构的几何形状，表面覆盖的ETFE膜又赋予了建筑冰晶状的外貌，使其具有独特的视觉效果和感受，轮廓和外观变得柔和，水的神韵在建筑中得到了完美的体现。水立方还体现了科技与环保的完美结合。规范合理的自然通风、水循环系统的合理开发，高科技建筑材料的广泛应用，都共同为国家游泳中心增添了更多的时代气息。泳池也应用了许多创新设计，如把室外空气引入池水表面、带孔的终点池岸、视觉和声音发出信号等，这将使比赛池成为世界上最快的泳池。还有一些高科技设备，如确定运动员相对位置的光学装置、多角度三维图像放映系统等，这些装置将有助于

观众更好地观看比赛。

水立方不仅是一幢优美和复杂的建筑，她还能激发人们的灵感和热情，丰富人们的生活，为人们提供记忆的载体。因此设计中不仅利用水的装饰作用，同时还利用其独特的微观结构。采用在整个建筑内外层包裹的ETFE膜调节室内环境，冬季保温、夏季散热，而且还会避免建筑结构受到游泳中心内部环境的侵蚀。更神奇的是，如果ETFE膜有一个破洞，不必更换，只需打上一块补丁，它便会自行愈合，过一段时间就会恢复原貌！

按照设计方案，水立方的内外立面膜结构共由3065个气枕组成，覆盖面积达10万平方米，展开面积达26万平方米，是世界上规模最大的膜结构工程，也是唯一一个完全由膜结构来进行全封闭的大型公共建筑。无论对设计、施工还是使用都是一个极大的挑战，对ETFE膜的材料、通风空调、防火、声、光、电的控制等技术提出了一个难度很大的课题。

水立方拥有跳水池、比赛池、热身池，这些池子的水温及其所在厅的温度没有太大的差异，这就为运动员的稳定发挥创造了良好条件。此外，水立方在地面的设计上也花费了不少心思，由于比赛池和热身池中间有一定距离，运动员在这两池之间往往是赤脚往返，水立方对这段路程的地面做了特殊、细致的处理，使运动员走过去不会觉得脚凉。水立方的设计注重细节，充分考虑到了运动员和观众的需求，体现了北京奥运会“绿色奥运、科技奥运、人文奥运”的三大理念。

水立方是典型的“外柔内刚”。外部只看到充气薄膜，好像弱不禁风，而支撑这些薄膜的是坚实的钢结构，里面观众的看台和室内建筑物为钢筋混凝土结构。水立方的墙壁和天花板由1.2万个承重节点连接起来的网状钢管组成，这些节点均匀地分担着建筑物的重量，使其达到了能抗8级强震的标准。

中国科学技术馆

中国科学技术馆是中国科协直属事业单位，是我国唯一的国家综合性科技馆，是实施科教兴国战略和提高全民族科学文化素养的基础科普设施。

中国科学技术馆始建于2006年5月9日，位于北京市朝阳区北辰东路5号，东临亚运居住区，西濒奥运水系，南依奥运主体育场，北望森林公园，占地4.8万平方米，建筑面积达10.2万平方米，是奥林匹克公园中心区体现“绿色奥运、科技奥运、人文奥运”三大理念的重要组成部分。

新馆设有“科学乐园”“华夏之光”“探索与发现”“科技与生活”“挑战与未来”五大主题展厅及球幕影院、巨幕影院、动感影院、4D影院等4个特效影院，其中球幕影院兼具穹幕电影放映和天象演示两种功能。此外，新馆设有多间实验室、教室、科普报告厅及多功能厅。

中国科学技术馆的主要教育形式为展览教育，通过科学性、知识性、趣味性相结合的展览，反映科学原理及技术应用。中国科学技术馆鼓励公众动手探索实践，不仅普及了科学知识，而且注重培养观众的科学思想、科学方法和科学精神。

中国科学技术馆在开展展览教育的同时，还组织了各种科普实践活动，并经常举办面向公众的科普讲座。

北京饭店

北京饭店位于北京市中心，毗邻昔日皇宫紫禁城，漫步5分钟即可抵达天安门、人民大会堂、国家大剧院及其他历史文化景点，与繁华的王府井商业街仅咫尺之遥。北京饭店拥有700余间不同规格的客房，现实与浪漫相结合的设计、浓重而不失活泼的色调、奔放大气的布局、近似自然优美的线条，带给每一位客人豪华舒适、至尊至贵的体验。

饭店餐厅为客人提供风味独特的谭家菜、四川菜、淮扬菜、粤菜、西餐和日餐，功能完备的宴会厅、会议室、商务中心以及健身、游泳、水疗、室内外网球场、保龄球馆、台球室、壁球和棋牌室。此外，饭店还提供送餐、洗衣、

美容美发、外币兑换、邮局、机票代理、互联网、贵宾车队及管家服务等，完善的设施把饭店、生活、时尚三者紧密结合在了一起。

北京饭店还连续多年荣获由美国优质服务科学学会颁发的“五星钻石奖”，此奖项是酒店业的国际最高荣誉。

北京饭店是北京屈指可数的有着百年历史的饭店，拥有四座不同历史时期的楼宇、风格各异的客房近千套，其豪华典雅的装修风格享誉海内外。1900年，两个法国人在东交民巷外国兵营东面开了一家小酒馆，并于第二年搬到兵营北面，正式挂上了“北京饭店”的招牌。1903年，饭店迁至东长安街王府井南口，也就是现在的地址。1907年，中法实业银行接管北京饭店，并改为有限公司，法国人经营时期是北京饭店的最初辉煌期，从建筑风格到内部设施都标志着饭店成为京城首屈一指的高级饭店。随着抗战胜利，北京饭店由国民党北平政府接收管理，一度成为专门接待美军的高级招待所。直至1949年北平解放，北京饭店的命运才随之出现转折。当时隶属于国务院机关事务管理局的北京饭店，成为新中国国务活动和外事接待的重要场所，具有相当高的政治地位。1954年和1974年，在周总理的亲切关怀下，北京饭店相继进行了两次扩建，先后建起了西侧大楼（即现在的C座D座）和新东楼（即现在的A座），在继续承载更多大型的国事宴请和重要会议的同时，也一度成为北京城内现代化和国际化的标志性建筑。在新时代，北京饭店依然是重要国事活动和会议的首选场所，它在承载着酒店功能性和特殊政治身份的双重使命中见证了时代的变迁。如今，拥有近1000套现代化客房、建筑面积为16万平方米的北京饭店已经发展成一座成熟的豪华商务型酒店。2006年12月17日，北京饭店被国际奥委会和北京奥组委正式确定为北京2008奥林匹克大家庭总部饭店，奥运会赛时阶段，总部饭店将成为奥林匹克大家庭主要成员的驻地，以及国际奥委会的总部和指挥中心。

为了使北京饭店能够更加符合国际化的五星级酒店的标准，为宾客提供更完善的设施和服务，从1998～2000年间，饭店进行了大规模的改扩建工程，总体改造完工后，饭店以崭新的面貌，现代化的服务设施为宾客提供客房、餐饮、会展、娱乐、购物于一体的全方位服务，经营总面积也由13.8万平方米扩充至15万平方米。

除中华美食外，在北京饭店还能品尝到世界各地的珍馐美味。今天，这座伫立在新世纪前列的百年老店，正以开放的姿态和勃勃的生机向世人展示着它集历史、人文、审美、现代科技于一身的五星级饭店独具的风采。

央视大楼

中央电视台总部大楼内含央视总部大楼、电视文化中心、服务楼、庆典广场。由德国人奥雷·舍人和荷兰人库哈斯带领大都会建筑事务所设计。中央电视台总部大楼建筑外形前卫，被美国《时代》杂志评选为2007年世界十大建筑奇迹，并列的有北京当代万国城和国家体育场。

中央电视台新台址位于北京市东三环路的中央商务区内，由中央电视台主楼、服务楼、电视文化中心及室外工程组成。其中主楼高234米，地上52层、地下3层，设10层裙楼，建筑面积为47万平方米。主楼的两座塔楼双向内倾斜6°，在163米以上由“L”形悬臂结构连为一体，建筑外表面的玻璃幕墙由强烈的不规则几何图案组成，造型独特、结构新颖、高新技术含量大，在国内外均属“高、难、精、尖”的特大型项目。

新台址位于北京市中央商务区规划范围内，占地面积达18.7万平方米，总建筑面积约为55万平方米，最高建筑约230米。

CCTV大楼外面由大面积玻璃窗与菱形钢网格结合而成，作为大楼的主体架构，这些钢网格暴露在建筑的最外面，而不是像大多数建筑那样深藏其中。这样，压力就基本都能沿着系统传递下去，并找到导入地面的最佳路径。

此外，大楼外面采用特种玻璃，其表面被烧制成灰色瓷釉，能更有效地遮蔽日晒。而实际上，在空气污染很严重的日子里，这种玻璃就像融化在空气中似的，人们只能看到大楼的网状结构，仿佛闪电被凝固在空中，足见其高、新、尖的科技含量。

国家大剧院

中国国家大剧院位于北京市中心天安门广场西，由国家大剧院主体建筑及南北两侧的水下长廊、地下停车场、人工湖、绿地组成，占地11.89万平方米，总建筑面积约为16.5万平方米，总投资额为26.88亿元人民币。

国家大剧院的主体建筑由外部围护结构，内部歌剧院、音乐厅、剧场，公共大厅及配套用房组成。地面坐落着三幢建筑：歌剧院、音乐厅和剧场，它们由道路区分开，彼此以悬空走道相连，在水面上的地面建筑就像是一个巨型壳体，覆盖、庇护、包围和照亮着所有的大厅和通道。建筑物在水面中的倒影构成了大剧院

的外部景观。

国家大剧院高46.68米，于2001年12月13日动工，建成于2007年9月。国家大剧院建筑屋面呈半椭圆形，由具有柔和色调及光泽的钛金属覆盖，前后两侧有两个类似三角形的玻璃幕墙切面，整个建筑漂浮在人造水面之上，行人需从一条80米长的水下通道进入演出大厅。大剧院造型新颖、前卫，构思独特，是传统与现代、浪漫与现实的结合。国家大剧院庞大的椭圆外形在长安街上像个“天外来客”，与周遭环境的冲突让它显得十分抢眼。这座“城市中的剧院、剧院中的城市”以一颗献给新世纪的超越想象的“湖中明珠”的奇异姿态出现在世人眼前。

国家大剧院的主体建筑外环绕着人工湖，人工湖四周为大片绿地组成的文化休闲广场。人工湖面积达3.55万平方米，湖水深0.4米。整个水池被分为22格，分格设计既便于检修，又能节约用水，还有利于安全。每一格相对独立，但外观上保持了整体的一致性。为了保证水池里的水“冬天不结冰，夏天不长藻”，设计者们采用了一套称作“中央液态冷热源环境系统控制”的水循环系统。

国家大剧院由三个功能区组成：北入口、地下车库；功能区，包括歌剧院、戏剧院、音乐厅等；南入口、餐厅、机房等服务区。

大剧院北部入口与南部入口的“水下走廊”一起延伸到地下6米处，观众通过水下长廊进入大剧院。北侧主入口为80米长的水下长廊。南侧入口和其他通道也均设在水下。观众进入大剧院时会发现他们的头顶上是一片浅浅的水面。在入口处设有售票厅，水下长廊的两边设有艺术展示、艺术品商店等服务场所。

国家大剧院内有四个剧场，中间为歌剧院、东侧为音乐厅、西侧为戏剧场，南门西侧是小剧场，四个剧场既完全独立又可通过空中走廊相互连通。公共大厅的地板铺着20多种颜色不一、花纹各异的名贵石材，公共大厅天花板由名贵木材拼贴成一片片“桅帆”，木质的红色深浅不一，明暗相间。来自法国的著名画家阿兰·博尼用超过20种不同的红色对大剧院的各个部分进行点染。整个大剧院的墙面丝绸铺设面积达4000平方米。

在国家大剧院的壳体结构上，安装有506盏“蘑菇灯”。与长安街上其他建筑物在夜晚灯火通明的景象不同，国家大剧院壳体上面的“蘑菇灯”散发的是点点光芒，如同夜空中闪烁的繁星，非常漂亮。

国家体育场

国家体育场是2008年北京奥运会的主场馆，由于造型独特，俗称“鸟巢”。体育场在奥运会期间设有10万个座位，承办该届奥运会的开、闭幕式以及田径、足球等比赛项目。其形态如同孕育着生命的“巢”，更像一个摇篮，寄托着人类对未来的希望。设计者们对这个国家体育场没有做任何多余的处理，只是坦率地把结构暴露在外，因而很自然的形成了建筑的外观。2009年，国家体育场入选世界10年十大建筑。

国家体育场于2003年12月24日开工建设，2004年7月30日因设计调整而暂时停工，同年12月27日恢复施工，2008年3月完工。工程总造价为22.67亿元。

体育场的外形结构主要由巨大的门式钢架组成，共有24根桁架柱。其建筑顶面呈鞍形，长轴为332.3米，短轴为296.4米，最高点的高度为68.5米，最低点的高度为42.8米。

体育场外壳采用可作为填充物的气垫膜，使屋顶达到完全防水的要求，阳光可以穿过透明的屋顶满足室内草坪的生长需要。比赛时，看台是可以通过多种方式进行变化的，可以满足不同时间不同观众量的要求，奥运会期间

的20000个临时座席分布在体育场的最上端，并且能保证每个观众都能清楚地看到整个赛场。入口、出口及人群流动通过流线区域的合理划分和设计得到了完美的解决。

国家体育场的设计充分体现了人文关怀，碗状座席环抱着赛场，上下层之间错落有致，无论观众坐在哪个位置，和赛场中心点之间的视线距离都在140米左右。

“鸟巢”的下层膜采用的吸声膜材料、钢结构构件上设置的吸声材料，以及场内使用的电声扩音系统，这三层“特殊装置”使“巢”内的语音清晰度指标指数达到0.6——这个数字保证了坐在任何位置的观众都能清晰地收听到广播。“鸟巢”的相关设计师们还运用流体力学设计，模拟出91000个人同时观赛的自然通风状况，让所有观众都能享受到同样的自然光和自然通风。“鸟巢”的观众席里，还为残障人士设置了200多个轮椅座席。这些轮椅座席比普通座席稍高，保证了残障人士和普通观众有一样的视野。赛时，场内还将提供助听器并设置无线广播系统，为有听力和视力障碍的人提供个性化的服务。

许多建筑界专家都认为，“鸟巢”不仅为2008年奥运会树立了一座独特的历史性的标志性建筑，而且在世界建筑发展史上也具有开创性意义，将为21世纪的中国和世界建筑发展提供了历史见证。

北京体育馆

国家体育总局训练局所辖的北京体育馆，坐落在风景优美的龙潭湖北侧、天坛公园东侧，占地面积为15.6万平方米，训练场馆面积近7.2万平方米。自1955年建成比赛馆、游泳馆、篮球馆三大主馆后，55年来陆续新建了田径场、田径馆、足球场、乒乓球馆、网球馆、网球场、体操馆、跳水馆、举重馆、羽毛球馆、排球馆、水球馆、综合训练馆等16个专业训练场馆。

各场馆场地完全符合国际训练、比赛的标准，各场馆设备完善，有乒乓、羽毛、体操、跳水等14支国家队在此训练，是国内外享有盛名的综合训练基地。比赛馆采用56米跨度的拱钢屋架，场内高度为25米，比赛场地长36.4米、宽22.4米。球场四周设有20排固定看台，共6000名观众席位。游泳馆设有2000名观众席位，游泳池长50米、宽20米、深1.4～4.5米，设有8条泳道和7.5米高的跳台一座。练习馆为双层硬木地板场地，设有三个篮球场。除主馆外，还有可容纳5000名观众的自

行车赛车场、可容纳500名观众的网球馆、可容纳5000名观众的田径场、田径馆、跳水馆以及体操、羽毛球、乒乓球、举重练习馆等。北京体育馆利用国家运动队训练的空余时间面向社会开放，并承办田径、游泳等项目的大中小型比赛。目前开放的项目有：游泳、足球、篮球、羽毛球、乒乓球、田径、排球、网球等，以“工薪阶层的价位，世界冠军的场地”，欢迎广大体育爱好者光临。

北京体育馆还设有业余体校，常年进行田径、游泳、跳水、网球、羽毛球、乒乓球、篮球、武术、散打、跆拳道等项目的青少年培训班、体能训练达标班。由国家级、高级教练员组成的教练员队伍，为不同级别的专业俱乐部和运动队培养、选拔、推荐优秀学员。

据北京市规划委员会、北京市文物局2007年12月19日通知，北京体育馆建筑已经被北京市政府批准列入《北京优秀近现代建筑保护名录（第一批）》。北京体育馆作为北京奥运会三大主场馆之一，国家体育馆建设工程于2006年5月28日正式开工，并在2007年11月底竣工验收。国家体育馆在奥运期间主要承担竞技体操、蹦床和手球比赛项目。奥运会后，国家体育馆作为北京市一流体育设施，成了集体育竞赛、文化娱乐于一体，提供多功能服务的市民活动中心。该工程项目主要由体育馆主体建筑和一个与之紧密相邻的热身馆以及相应的室外环境组成。总占地面积6.87公顷，总建筑面积为8.09万平方米，可容纳观众1.8万人。

首都剧场

首都剧场建于1954年，设计者为林乐义，坐落在繁华的王府井大街22号，交通便利，它是隶属于北京人民艺术剧院的专业剧场，是新中国成立后建造的第一座以话剧演出为主的专业剧场，还可以用来进行大型歌舞的演出以及出演戏剧、放映电影。

在建筑风格上，首都剧场借鉴了欧洲与俄罗斯的建筑风格，体现了东西方建筑艺术的完美结合，给人以庄重、典雅之感。

剧场占地0.75公顷，建筑面积为1.5万平方米。平面布局集中完整，在一条中轴线上安排了各主要功能部分。前厅中央为方形大厅，两侧有存衣厅、厕

所及主楼梯。大厅二层为环行跑马廊，三层为设有音乐台的宴会厅，经屋顶平台可与台后相通。观众厅平面为矩形，宽24米，长26米，高12.5米，共1302个座位，其中池座900个，楼座402个，楼座两侧有沿边挑台。天花采用集中式大花装饰。舞台深19.5米，宽26.5米，高18.5米，台口宽13米，高8.5米，有电动活动台口。两侧有副台，台中央有我国当时在剧场中自行设计施工的唯一转台，直径为16米。舞台上部有电动及手动吊杆67道及完善的灯光设备。台前有可容80人的乐池。化妆室及候场部分布置在舞台后部。后台有宽敞的排练厅，其一侧的天井供化妆室、排练厅等通风采光之用。贵宾休息室在舞台一侧，有独立出入口，与观众活动互不干扰。

剧场的音响、灯光及一些其他设备为目前较为先进的控制系统。首都剧场在1955年正式交付于北京人民艺术剧院使用，先后在本剧场上演了如《茶馆》《雷雨》《天下第一楼》等一系列中外名著，为我国话剧艺术的发展和繁荣做出了应有的贡献。

北京工人体育场

北京工人体育场坐落在北京市朝阳区工人体育场北路，紧邻工人体育馆和新老使馆区。工人体育场是由中华全国总工会于1959年8月31日投资兴建的，是北京最大的综合性体育场之一，占地35公顷，建筑面积为8万多平方米。北京工人体育场包括三组建筑群：北京工人体育场、工人体育馆和游泳场。它的中心运动场能容纳8万观众。工人体育场是新中国成立十周年大庆时北京著名的十大建筑之一。

建成1个多月后的10月13日，第一届全国运动会在这里举行。作为新中国体育事业发展的历史见证，它曾经承办过许多国际、国内的大型体育比赛，小型比赛更是数不胜数。

1986年为承办4年后的第十一届亚运会，工人体育场进行了历时3年的大规

模改建工程。改建后的北京工人体育场，已成为我国具有国际化水准的体育比赛场地。正门矗立着一组意气风发的运动员雕塑群像。广场两侧建有国旗区，40根高达12米的旗杆围成一个圆形。乳白色的体育场外墙采用现代化新型雕塑喷涂工艺装饰，大块茶色玻璃和铝合金门窗点缀其间，庄重典雅。体育场中央是绿草覆盖着的足球场。8条400米长的红色塑胶跑道环绕一周。四面看台上是红、绿、蓝、黄、棕5色玻璃钢座椅，色彩明丽夺目，看台上方覆盖着大罩棚，其中东西罩棚挑梁悬空向内延伸至18米，上面安装了352个高压铸铝金属卤化物灯，夜晚比赛时灯光全部开启，场内亮如白昼。场内音响设备均匀地悬挂在罩棚下，声音清晰、柔和、悦耳。主席台用平山红大理石装饰，两侧有50间观察室，室内装有现代化通信设备，记者可以从这里向世界各地传递比赛信息。在体育场南端的看台上，有亚洲最大的电子显示装置，它的长度为44米，高度是11米。彩色大屏幕的显示面积是98平方米，能从不同角度，显示运动场上运动员们角逐时的情景。

从1996年起，北京工人体育场就成了中国足球联赛北京国安队的主场，并举办过各项运动比赛，同时，它还是演艺歌星举办演唱会和工商团体举办展览会的好地点。

北京工人体育场与北京工人体育馆不同，北京工人体育馆与工人体育场毗邻，是一个室内场馆，一般用于举办篮球、排球等比赛。

2008年北京奥运会期间，工人体育场是四个足球比赛场馆之一。

中国人民革命军事博物馆

中国人民革命军事博物馆金碧辉煌、气势巍峨，矗立在北京天安门西面的长安街延长线上，闻名海内外。它筹建于1958年，是向国庆10周年献礼的首都十大建筑之一。1959年3月12日，经中共中央军事委员会批准，正式定名为中国人民革命军事博物馆（以下简称“军事博物馆”）。毛泽东主席亲自题写馆名，周恩来、朱德、邓小平、刘伯承、贺龙、陈毅、罗荣桓、聂荣臻、徐向前、叶剑英等党和国家、军队领导人多次审查展览内容，10月 1 日开始内部预展，1960年八一建军节正式对外开放。

军事博物馆是中国唯一一座大型综合性的军事历史博物馆，占地面积8万多平方米，建筑面积为6万多平方米，陈列面积为 4 万多平方米。主楼高94.7米，中央7层，两侧 4 层。大楼顶端的圆塔，托举着中国人民解放军“八一”军徽，直径达6米，经周恩来总理特批500两黄金，采用鎏金工艺，使它看上去更加耀眼。高达4.9米的铜门，是用福建前线参战部队送来的炮弹壳熔铸而成。正门上方悬挂着毛泽东主席亲笔题写的“中国人民革命军事博物馆”金字铜底巨匾。大门两侧竖立着陆海空三军战士和男女民兵两组英姿勃勃的汉白玉石雕。

全馆有22个陈列厅、2个陈列广场。陈列厅高大、宽敞、明亮。沿所有展览场地绕行一周，长达12千米，就其规模而言，在国内外都较少见。伴随着国家改革和建设步伐的加快，在军事博物馆的周围，建立起了中华世纪坛、中央电视台和西客站，把它衬托得更加雄伟壮丽。

军事博物馆的陈列展览分为基本陈列和临时展览。基本陈列有土地革命战争馆、抗日战争馆、全国解放战争馆、抗美援朝战争馆、古代战争馆、近代战争馆、兵器馆、礼品馆等。同时，根据党、国家和军队的中心任务，军事博物馆还适时举办一些纪念性的、专题性的临时展览，如“毛泽东光辉军事业绩——纪念毛泽东诞辰100周年展览”“雷锋精神谱新歌——纪念毛泽东等老一辈无产阶级革命家为雷锋题词30周年展览”“中华民族的胜利——纪念中国抗日战争和世界反法西斯战争胜利50周年展览”“长征·丰碑永存——纪念中国工农红军长征胜利60周年展览”“新时期军队建设成就——纪念中国人民解放军建军70周年展览”“新时期英雄战士李向群事迹展览”“建国50周年国防和军队建设成就展览”。1997年7月和2000年7月，军事博物馆还应邀赴俄罗斯、罗马尼亚分别举办了“中国人民解放军的光辉历程”展览。

与此同时，军事博物馆还提供场地，抓住“热点”，与地方先后联合举办了“长江三峡工程展览”“惩治贪污受贿犯罪展览”“‘严打’斗争纪实展览”“全国海关反走私展览”“全国禁毒展览”“崇尚科学，反对邪教展览”等大型临时展览。2008年还举行了“我们的队伍向太阳——建军80周年国防成就展”。

中国人民英雄纪念碑

人民英雄纪念碑矗立在北京天安门广场中心。1949年9月30日，中国人民政治协商会议第一届全体会议决定，为了纪念在人民解放战争和人民革命中牺牲的人民英雄，在首都北京建立人民英雄纪念碑。当天下午6时，出席中国人民政治协商会议的全体代表，在天安门广场上举行了建立纪念碑的奠基典礼。1961年，人民英雄纪念碑被中华人民共和国国务院公布为第一批全国重点文物保护单位。人民英雄纪念碑位于毛主席纪念堂以北，是中华人民共和国政府为纪念中国近现代史上的革命烈士而修建的。

人民英雄纪念碑在天安门南约463米，正阳门北约440米的南北中轴线上。它庄严宏伟，民族风格独特。在广场中与天安门、正阳门形成一个和谐的、一致的、完整的建筑群。纪念碑呈方形，分碑身、须弥座和台座三部分，建筑面积为3000平方米。总高37.94米，碑座分两层，四周环绕汉白玉栏杆，四面均有台阶，下层座为海棠形，东西宽50.44米，南北长61.54米，上层座呈方形，台座上是大小两层须弥座，下层须弥座束腰部四面镶嵌着八块巨大的汉白玉浮雕，分别以“虎门销烟”“金田起义”“武昌起义”“五四运动”“五卅运动”“南昌起义”“抗日游击战争”“胜利渡长江”为主题，在“胜利渡长江”的浮雕两侧，另有两幅以“支援前线”“欢迎中国人民解放军”为题的装饰浮雕。浮雕高2米，总长40.68米，雕刻着170多个人物，生动而形象地表现出我国近百年来人民革命的伟大史实。上层小须弥座四周镌刻有以牡丹、荷花、菊花、垂蔓等组成的八个花环。

两层须弥座承托着高大的碑身。碑身是一块长14.7米、宽2.9米、厚1米、重达60多吨的大石块。碑身正面镌刻着毛泽东主席题词“人民英雄永垂不朽”八个鎏金大字；背面是毛泽东主席起草、周恩来总理题写的碑文：

三年以来，在人民解放战争和人民革命中牺牲的人民英雄们永垂不朽！

三十年以来，在人民解放战争和人民革命中牺牲的人民英雄们永垂不朽！

由此上溯到1840年，从那时起，为了反对内外敌人，争取民族独立和人民自由幸福，在历次斗争中牺牲的人民英雄们永垂不朽！

此碑文中的“三年以来”是指解放战争；“三十年以来”是指自1919年五四运动起的新民主主义革命斗争到1949年新中国成立；而1840年则是中国受侵略的开始，1840年鸦片战争，中国从此弥漫着滚滚硝烟，成了半殖民地半封建国家。这三个时间段中，都有中国无数爱国志士的不屈抗争，他们将永远活在人们心中！

碑身两侧装饰着用五星、松柏和旗帜组成的浮雕花环，象征人民英雄的伟大精神万古长存。整座纪念碑用17000多块花岗石和汉白玉砌成，庄严肃穆，雄伟壮观。

北京中山公园

北京中山公园位于天安门西侧，全园面积为22.5公顷。原为辽、金时的兴国寺，元代改名“万寿兴国寺”。明永乐十九年（1421），明成祖朱棣兴建北京宫殿时，按照“左祖右社”的制度，改建为社稷坛。这里是明、清皇帝祭祀土地神和五谷神的地方。1914年辟为中央公园。为纪念孙中山先生，1928年，由冯玉祥的部下时任北平特别市长何其巩等爱国人士改名“中山公园”。

从中山公园南门入园，走过门厅，穿过曲折的彩绘长廊，迎面矗立着一座由郭沫若题写的“保卫和平”汉白玉石坊。放眼北望，古柏成林，大多是明代

所植。其中有7株挺拔参天，要三四个人才能将其抱住。形态各异的古柏相传为辽时种植，迄今已有1000余年。还有一株槐树与柏树相抱而生，称“槐柏合抱”，至今仍枝繁叶茂，蔚为奇观。从这里往西走，就到了坛门外，一对雄俊的石狮为北宋遗物，是1918年从河北大名的一座古庙废墟中发掘迁来守门的。

走进坛门，眼前是一条林荫道，周围种植有很多果树。公园的主体建筑——社稷坛位于轴线中心，坛呈正方形，为汉白玉砌成的三层平台。坛上铺着由全国各地进贡来的五色土：中黄、东青、南红、西白、北黑，以表示“普天之下，莫非王土”的意思，并象征土、木、火、金、水五行，古人认为，五行乃是万物之本。坛台中央原有一根方形石柱，名“社主石”，又称“江山石”，表示“江山永固”。石柱半埋在土中，后来被全部掩埋，1950年被移走。坛的四周建有四色琉璃墙，东蓝、南红、西白、北黑，四面各立一座汉白玉棂星门，倍显庄严肃穆。皇帝把“社稷”看作是国家的象征，并自认受命于天，为了祈祷丰收，每年春秋仲月上戊日清晨来此祭祀，凡遇出征、打仗、班师、献俘、旱涝灾害等也要到此举行祈祷仪式。坛北侧的“拜殿”又名享殿或祭殿，是一座宏大的木构建筑，面阔5间，进深3间，黄琉璃瓦，单檐庑殿顶，白石台基，没有天花板。明露着梁架和斗拱，绘和玺彩画，这是保存最完整的明代建筑。1925年曾在此殿停放孙中山先生的灵柩，接受各界人士的吊唁瞻仰。

社稷坛东边，环境清幽，称“长青园”，园内叠假山、搭花棚、筑花坛、置盆景。在松柏苍翠、杉竹相映中，点缀着松柏交翠亭、投壶亭、来今雨轩等景点。西边的唐花坞是培育各种名贵花木的温室花房，一年四季春意盎然。

此外，园内还从各地迁移来一些古建筑，如在唐花坞以西，著名的“兰亭碑亭”与“兰亭八柱”，原为圆明园四十景之一，是1917年迁来的。亭为重檐蓝瓦八角攒尖顶，立在中间的石碑上刻有“兰亭修禊曲水流觞图”和乾隆帝所写的有关“兰亭”的诗作，八根石柱上分别刻着历代书法家临摹王羲之的兰亭帖，是珍贵的石刻文物。1915年从清代礼部衙门移来的习礼亭，原建于鸿胪寺内，是各地初入京的文武官员和外国使臣朝谒皇帝习礼的地方。

中山公园中有中国古典花园应包括的亭、台、楼、阁四部分，花园的设计反映了中国道家的哲学思想。崎岖对平坦，明对暗，大配小，刚柔相衬。园内既有铺满睡莲的平静湖面，又有小桥下的潺潺流水。花草树木中，松、竹、梅尤为显赫。前人赋予它们正直、友爱、坚贞的品格，给后人诸多启迪。山石凸凹，崎岖有致，小径石阶，参差不平。雕刻着花鸟虫草的长廊又齐又直，水榭与亭台的地面又方又正。公园虽小，但由于建筑师构思巧妙，使人在游览时，有一种景景连绵，顿生“柳暗花明又一村”之感，让人倍感新奇。每当夏日的夜晚，在水榭对面的华枫堂，常有中国民乐演奏会。一曲《春江花月夜》，在水色山光的映衬下，将人们引向遥远的过去，带向大洋彼岸，让人如痴如醉。

1993年底，孙中山先生的铜像被隆重地矗立在公园门口，连同基座高约3米。他神情庄重，目光深邃，令人肃然起敬。铜像是由中国著名雕刻家曾竹韶教授雕塑，由中国海外交流协会与中国人民对外友好协会赠送。铜像揭幕典礼那天，加拿大政府代表、中国驻温哥华总领事及公园管理委员会负责人等出席了仪式，并分别致辞：孙中山的名字与中华民族同在；中山先生的铜像与温哥华的华人们同在；中山先生的思想与世界和平与进步同在。

中山公园是华人故乡的缩影、中华文化的结晶，中山铜像代表着中华民族奋斗不止的精神。

北京火车站

北京火车站，又称“北京站”，是中国铁路枢纽之一，全国铁路客运特等站。北京站位于北京市东城区，北京二环路内，建国门与东便门以西，崇文门与东便门之间，原北京内城城墙以北、东长安街以南。

北京站是北京的一个交通枢纽。地铁2号线经过这里，站前有许多公交站点，还有开往北京周边地区的长途汽车站。

北京站于1959年迁至现址，是全国铁路客运的重要枢纽。在1996年北京西站建成以前，北京站一直是北京最重要的火车站，规模最大、设备最先进。从北京站始发的列车开往全国各地，是全中国客流量最大的车站。即使在北京西站建成以后，北京站也依旧很繁忙。

北京站主要负责京包线、京秦线、京哈线、京沪线、京承线等线路的旅

客运输任务，以及从北京站发出开往朝鲜平壤、蒙古乌兰巴托、俄罗斯莫斯科的国际旅客列车。北京站不仅是中国首都的重要窗口，而且是中华人民共和国的重要窗口，素有“首都迎宾门”之称。

北京站占地面积为25万平方米。总建筑面积为8万平方米。车站布局为纵列式，分为到发场、交接场、调车场。

北京站站舍大楼坐南朝北，东西宽218米，南北最大进深124米，建筑面积为7.1054万平方米。站前广场面积为4万平方米。站内主要服务设施有大小贵宾室6个，软席候车室1个，普通候车室4个，高架检票厅候车室1个，重点旅客候车区4个。站内设有第一候车室、第二候车室、第三候车室、第四候车室、中央检票厅、第一软席候车室、第二软席候车室、和谐号候车室、北京站商务中心、敬老助残服务室。有进站天桥2座，自动扶梯6部，直升电梯7座。售票厅、国际售票处、中转签字加快各1处。车站现有站台8座。2004年4月，北京站扩能改造主体工程交付使用，在全路首次建成站台无柱雨棚7.9万平方米，新建站台2座、列车到发线3条，大型地下行包库的面积达2万平方米。

北京站客运服务设施现代化改造始于1976年，此后相继建立微机制票、电视监控、行包自动检测、制票、查询、无线通信、自动广播、引导揭示、自动查询、自动检票和计算机管理9大系统。1998年5月至1999年9月，铁道部和北京市实施北京站抗震加固大修改造工程，实现了“风格依旧、面貌一新、功能齐全、科技领先”的构想。北京站引进、开发和使用科技新项目10项，即中央空调系统、自动喷淋消防系统、客运引导揭示系统、客运多功能广播系统、电话电脑问询及电视监视监控系统、多媒体触摸查询系统、自动检票系统、自动售票机、开通网站服务、启用平面无线灯显调车设备，以满足旅客们的不同需求。

北京西站

北京西站，俗称“北京西客站”，简称“北京西”，位于北京市丰台区莲花池东路。1996年初竣工的北京铁路客运站，是原亚洲规模最大的现代化铁路客运站，为原“亚洲第一大站”。2008年8月1日，北京南站正式投入使用，取代了北京西站在亚洲第一的位置。

北京西站占地面积为51万平方米，建筑面积为17万平方米。站房摩天楼高90米，呈“品”字形，车站内设10个站台。

北京西客站是国家及北京市“八五”计划的一项重要城市基础设施。为缓解北京火车站运行的紧张状态，铁道部及北京市决定在北京市丰台区莲花池新建一座大型火车客运交通枢纽站，定名为“北京西站”，包括客运站房、铁路引入线、市政道路及立交桥、地铁、铁路自动化通信系统以及与其相配套的建筑群，如邮政枢纽、公安等工程，投资总额达23.5亿元。

北京西站于1996年竣工，是一座现代化客运站。它大大缓解了北京火车站的客运压力。该站也是京九铁路的龙头工程，这里开出的旅客列车可直达香港九龙。北京西站最高客运能力可达每日90对列车、60万人次。现今从北

京到中国中南、华南、西南与西北等地区的客运列车都从北京西站发出。

北京西客站分为南北两个站前广场，南广场临近莲花池公园。北广场正前方1千米处便是中华世纪坛。进站口和主要的售票处位于北广场，自2010年1月16日起，旅客也可直接从南广场进站口进站。北京西站在地下二层有两个出站口，东侧为北一出站口，西侧为北二出站口。提取行李、包裹处位于北广场西配楼西侧；托运行李、包裹处位于北广场东配楼东侧。

北京友谊宾馆

北京友谊宾馆是亚洲最大的园林式四星级酒店，位于中关村高科技园区核心地带中关村大街。毗邻北大、清华等多所高等学府，与举世闻名的颐和园遥相辉映。拥有客房、公寓和写字间1757余套；28个风味各异的餐厅、宴会厅可同时容纳2600人就餐；40个不同规格的会议室、多功能厅，可承办1000人以内的国际、国内会议。

北京友谊宾馆以其恢宏的规模和浓郁的民族特色被载入英国剑桥大学出版的《世界建筑史册》。从直观上看，友谊宾馆的民族特色体现在园林式的建筑风格上，而深入了解后就会发现，友谊宾馆最具有中国味道的是它的历史。北京友谊宾馆占地33.5万平方米，建筑面积为32万平方米。宾馆的设计思路出自我国建筑界泰斗梁思成先生。友谊宾馆的建筑风格突出了中华民族的传统，整个建筑群落以友谊宫为中心，呈对称的扇形分布，5栋民族色彩浓郁的大楼均为绿色琉璃屋顶，飞檐流脊、雕梁画栋。宾馆四周有4个相对独立的小区，分别冠名为“苏园”“乡园”“颐园”和“雅园”。四处园林风格各异：“苏园”为苏州园林的再造；“乡园”是中国北方农家院落的缩影；“颐园”是仿造颐和园景观特点的园区；“雅园”是为居住在这里的外国儿童设计的游乐园。

中华世纪坛

中华世纪坛，坐落在北京西长安街的延长线上，在中国革命军事博物馆西侧，北侧是玉渊潭公园，南与北京西客站相望。中华世纪坛坐北朝南，占地4.5万平方米，总建筑面积为3.5万平方米，由主体结构、青铜甬道、圣火广场、过街桥、世纪大厅、艺术大厅等组成。中华世纪坛是为了迎接21世纪新千年而兴建的。

中华世纪坛工程体现了重要的审美原则，它以“中和”“和谐”之美来表达“人类与大自然的协调发展”“科学精神与道德相结合的理想光辉”及东西方文化相互交流、和谐融合的思想。

在总体的艺术设计上，中华世纪坛以“水”为脉，以“石”为魂，并以诗意化凝练的语言和中国艺术大写意的手法深化意境，昭示中华民族特有的宇宙观和美学精神。下沉广场的哗哗流水、青铜甬道上的涓涓溪流和用4万多平方米黄色花岗岩铺装的坛体、广场、步道，无一不是这种艺术设计的生动体现。

根据其周边环境的特点和主题精神，中华世纪坛的主色调确定为黄、绿两色。所有人工建筑均采用黄色调，突出了中华民族的人文精神；以树木作为分割空间的手段，加之精心栽种的草坪绿化带，营造出了“天人合一”的意境。

中华世纪坛南面入口处，矗立着一块长9米、高1.05米、重34.6吨的汉白

玉题字碑，上面刻着国家主席江泽民的题词“中华世纪坛”。背面为“中华世纪坛序”。据悉，这是世界上最大的一块汉白玉。

中华世纪坛碑的北侧，是一个低于地面1米、半径为17.5米的下沉式圆形广场，广场用960块花岗岩铺砌而成，象征幅员辽阔的960万平方千米的中华大地。广场由周围向中心略微隆起。广场中心是一个方形的圣火台，一簇长明不熄的“中华圣火”，火种取自周口店猿人遗址。寓意中华民族的文明创造永不停息。广场东西两侧，有两道流水缓缓而下，象征着中华民族的母亲河——长江与黄河。

中华世纪坛的主体建筑，地下两层，地上三层，高39米，直径为85米，由静止的回廊和旋转的坛面组成，旋转坛体设计呈19°坡型。旋转的坛体重3200吨，是目前世界上最大和最重的旋转坛体。旋转坛体采用轨道式的方案，旋转机构机械金属结构拼装有1900个构件。旋转坛体外的四周镌刻有象征56个民族的图饰，由米黄花花岗岩雕刻而成。回廊有青铜铸造的40尊“中华文化名人”肖像雕塑。

世纪坛旋转钢结构的中央，是一个直径达14米的水平圆台，这里可作为文艺、歌舞、交响乐等大型露天演出活动的中心表演台。斜面上方的台阶，则可容纳上千人观看演出。

毛主席纪念堂

毛主席纪念堂是为纪念伟大领袖毛泽东而建造的，位于天安门广场，人民英雄纪念碑南面，坐落在原中华门旧址。1976年11月24日，按照中国共产党中央委员会的决议，毛主席纪念堂在天安门广场举行奠基仪式，华国锋主席在仪式上发表了讲话。1977年5月24日，毛主席纪念堂落成，占地5.7万多平方米，总建筑面积为2.8万平方米。主体呈正方形，外有44根福建黄色花岗石建筑的明柱，柱间装有广州石湾花饰陶板，通体为青岛花岗石贴面。屋顶有两层玻璃飞檐，檐间镶葵花浮雕。基座有两层平台，台帮全部用四川大渡河旁的枣红色花岗石砌成，四周环以房山汉白玉万年青花饰栏杆。南、北门台阶中间又各有两条汉白玉垂带，上面雕刻着葵花、万年青、腊梅、青松图案。正门上方镶嵌着“毛主席纪念堂”汉白玉金字匾额。大门南北两侧各有两组8米多高的群雕，分别展示出中国人民在毛主席领导下的革命历程。

纪念堂现有10个厅室对外开放。东西各厅是毛泽东、刘少奇、周恩来、朱德等先辈的革命业绩纪念室。纪念室内展出了大批文物、文献、书信和图片。纪念堂由北大厅、瞻仰厅、南大厅组成。南大厅为出口大厅，白色的大理石墙面上，镌刻着毛主席手书的《满江红》。纪念堂大门正上方匾额上的“毛主席纪念堂”六个大字，是当时中国共产党中央委员会主席华国锋为毛泽东纪念堂的亲笔题字，也是华主席在位时唯一的题字手迹。匾额的材质为汉白玉。

进入纪念堂正门的北大厅是举行纪念活动的地方，大厅中央是用3.45米高的汉白玉雕刻的毛泽东坐像，面含微笑，端庄安详。坐像背后的墙上，悬挂着一幅大型绒绣——“祖国大地”。整个大厅可容纳700多人。纪念堂的核心部分是瞻仰厅。大厅正中的水晶棺内，安放着毛主席的遗体，身着灰色中山装，覆盖着鲜红色的党旗。水晶棺的棺床是用黑色花岗石制成的，周围鲜花烂漫。大厅正面的白色大理石墙壁上镶嵌着17个鎏金大字：“伟大的领袖和导师毛泽东主席永垂不朽”。

北京奥林匹克公园

奥林匹克公园位于北四环中路的北部。北至清河南岸，南至北四环中路，东至安立路、北辰东路，西至林翠路与北辰西路。奥林匹克公园地处北京城的中轴线北端，总占地面积为1135万平方米，分三个区域，北端是680万平方米的森林公园，中心区为291万平方米，是主要场馆和配套设施建设区，南端114万平方米是已建成的场馆区和预留地，中华民族园也被纳入奥林匹克公园的范围内。

奥林匹克公园依托亚运会场馆和各项配套设施，交通便捷，人口集中，市政基础条件较好，商业、文化等配套服务设施齐备。

奥林匹克公园的规划着眼于城市的长远发展和市民物质文化生活的需要，使之成为一个集体育竞赛、会议展览、文化娱乐和休闲购物于一体，空间开阔、绿地环绕、环境优美，能够提供多功能服务的市民公共活动中心。

奥林匹克公园集中体现了“科技、绿色、人文”三大理念，融合了办公、商业、酒店、文化、体育、会议、居住多种功能，区域内有完善的能源基础、四通八达的交通网络。

奥林匹克公园中心区是举办北京2008年奥运会的主要场地，拥有亚洲最大的城区人工水系、亚洲最大的城市绿化景观、世界最开阔的步行广场、亚洲最长的地下交通环廊。

北京首都国际机场

北京首都国际机场，简称“首都机场或北京机场”，位于北京市区东北方向，距离天安门广场25.35千米。为中华人民共和国和北京联外主要的国际机场，也是目前中国最繁忙的民用机场，同时也是中国国际航空公司的基地机场。2004年，北京首都国际机场取代东京成田国际机场，成为亚洲按飞机起降架次计算最为繁忙的机场。

首都机场于1958年3月2日投入使用，是中华人民共和国时期首个投入使用的民用机场。机场建成时仅有一座小型候机楼，现在称为“机场南楼”，主要用于VIP乘客和包租的飞机。1980年1月1日，面积为6万平方米的一号航站楼及停机坪、楼前停车场等配套工程建成并正式投入使用。随着客流量的不断增大，一号楼客流量日趋饱和。重新规划的建筑面积达33.6万平方米，装备先进技术设备的二号航站楼于1995年10月开始建设，并于1999年11月1日正式投入使用。二号航站楼投入使用的同时，一号航站楼开始停用装修。2004年9月20日，整修一新的一号航站楼重新投入使用，专门承载中国南方航空公司航班。2008年春，配合首都机场扩建工程（T3）完工，一号航站楼（T1）封闭改造，中国南方航空公司转往二号

航站楼运营。

北京首都国际机场拥有三座航站楼，两条4E级跑道、一条4F级跑道，以及旅客、货物处理设施。是中国国内仅有的两座拥有三条跑道的国际机场之一（另一座为上海浦东国际机场），机场原有东、西两条4E级双向跑道，并且装备有II类仪表着陆系统；其间为一号航站楼、二号航站楼。2008年建成的三号航站楼和第三条跑道位于机场东边。

北京音乐厅

北京音乐厅隶属于中国国家交响乐团。其前身是始建于1927年的中央电影院，1960年经改建作为音乐厅启用。1983年，在我国老一辈著名指挥大师李德伦、严良堃的亲自主持下，北京音乐厅在原址重建，成为我国第一座专为演奏音乐而设计建造的现代风格的专业音乐厅。它坐落于北京西长安街南侧，北面与景色怡人的中南海毗邻，西临繁华的西单商业街，向东可远眺，宏伟的天安门广场和国家大剧院，蔚为壮观。

北京音乐厅是一座以黑色大理石为基座的白色长方形建筑，风格典雅、造型端庄。演奏厅舞台口宽17.8米，深9.6米，可同时容纳1182位听众。厅内采用了一系列现代化的建筑声学设计，音质良好，频率特性和适度的混响时间以及均匀的声场分布，以其明显的厅堂声学优势吸引着众多的表演家和听众。密闭的隔音门和隔音走廊最大限度地消除了环境噪音的干扰，确保演员和听众全神贯注地置身于美妙的音乐氛围中。敞开式的演奏台可同时容纳百人交响乐队及百人合唱团。取消了传统的框式台口，使台上、台下融为一体，令人倍感亲切。二楼的“大提琴咖啡厅”宽敞幽雅，为前来欣赏音乐会的观众提供了一个良好的休息、交流的场所。二楼至四楼的“音乐厅画廊”定期展出国内外著名画家的画作，更使这里成为一座具有综合性艺术特点的殿堂。

北京音乐厅于2004年冬宣布启动改造，历经1年的施工于2004年12月27日正式开始运营。音乐厅进行改造工程总投资达3800万元。新北京音乐厅在外观上比改造前更明快，改造后的音乐厅浅蓝灰色系的墙面和玻璃幕墙，看上去比改造前的风格明快得多，门前六根不锈钢的通天立柱支撑着一个出挑10米的出檐，使音乐厅的视觉有了彻底的改变。音乐厅的设计考虑相当周全，此次改造把舞台向前扩了70厘米，两边的木质围墙也各向外退了20厘米，使舞台看上去更宽大。为此，还拆掉了观众席的前三排座位，音乐厅也由原来的1182个座位减少到了1024个，而观众席的视线也做了重新调整，层层加高的布局比之前更适于观看。座椅的宽度由原来的53厘米加宽到55厘米，行距也有所增加。每一个座位下面都有一个送风口，这也是按照最新的剧院标准设计的。一楼两侧的入口内还为残疾人专设了4个轮椅座位，考虑相当周全，体现了对残疾人的关怀。

音乐厅是欣赏音乐的场所，因此，声学设计是内部改造的重点，也是北京音乐厅改造后能否成为音乐演出最佳场所的关键。为使观众厅拥有高质量的建声环境，整个天花顶一改原来的“后工业”风格，变得更加舒展从容，并向上升高2米。演奏台既保留了原有的管风琴，又增加了可升降的钢琴台与合唱台。此外，观众厅将针对欣赏视线、楼座与池座、包厢与走道等细节进行更加人文化的调整，完善了人们对视、听两方面的需求。

改建后的北京音乐厅外观更加现代、通透和轻巧，外墙由浅灰色玻璃幕墙组成晶莹剔透的玻璃形体，尤其是夜间音乐厅内部灯火辉煌，看上去像一个蕴藏美妙旋律的玻璃音乐盒。演奏厅内采用了一系列现代化的建筑声学措施，获得了良好的音质、频率特性和适度的混响时间以及均匀的声场分布，以其明显的厅堂声学优势吸引了来自世界各国的音乐家和音乐爱好者，使其成为国际音乐艺术交流的重要演出场所。这座新北京音乐厅把北京这座城市装点得更加艺术，妩媚。

解放军歌剧院

解放军歌剧院坐落在北京北二环路积水潭桥边，西临新街口商业中心，东望什刹西海湖畔，传统与时尚在这里的交汇，使它成为北京重要的文化地标之一。解放军歌剧院总占地面积为6534平方米，内含大小两个剧场。其中大剧场为上下双层，共800个座席，小剧场设计独特，体现了充分的空间概念，在北京众多小剧场中独树一帜。

解放军歌剧院是总政歌剧团新建的21世纪的剧场，其前身为总政歌剧团排练场。这座古城墙式的现代建筑与周围的人文景观相得益彰，传达了北京深厚文化底蕴中的时代气息，成为繁华市中心和旅游文化的一道亮丽风景线。

解放军歌剧院从舞台到观众席乃至每一个细节的设计，都本着尊重每一位观众的理念。清晰、互动的视觉感受和高品质的听觉效果带给观众精致独特的艺术享受，打造出人性化的剧院形象。

解放军歌剧院以艺术中心为框架，以相应配套的现代化大剧场、具有LOFT风格的小剧场和正在筹建中的高品位的艺术沙龙相结合，搭建了一个复合式的艺术空间，用以承接各类文化艺术活动。除了能为各界演艺团体服务，保证高品位的演出艺术水准之外，解放军歌剧院还密切关注文化市场动态，满怀对文化事业的责任心，积极参与策划各种类型的艺术演出及文化活动，以国际化的管理理念，建立专业团队，打造系列化的文化产品，并且大力支持富

有创新精神的艺术工作者积极探索新的艺术形式，使剧院具备演出、服务、营销三大功能，依照新概念下的多功能综合剧院经营管理模式，打造一个完整意义上的文化艺术中心，发挥其在演出市场乃至社会公益上的应有作用。

解放军歌剧院的舞台设施先进，可以分为主舞台、后舞台和左右两个侧舞台，舞台顶高20米，深18米；台口高8米，宽14米。其中主舞台具有三块大升降台。同时还具备可容纳双管乐队的升降乐池。

小剧场的设计理念是国际化的，其表演形式是以演员和观众融合为主，同时又兼顾其他活动、展览功能，在设计上给予了空间最大的自由。

舞台与观众席的位置、大小，都可以根据每次演出活动的不同需要，任意施展想象，它简洁的构造和可以随意调整的位置关系，给创作者带来无限灵感。

无论是走廊、墙面，还是化妆间、休息区，看上去都好像没有任何装饰，其实它们包含了建筑设计师独具匠心的巧妙构思和声学设计师的精雕细琢。

这是一座崇尚简洁和自由的艺术空间，是真正意义上的小剧场。小剧场的内部休息区经过潜心构思建造了为观众服务的休闲水吧，灵活而有趣地运用了小剧场内的空间，凸显了小剧场的时尚气息。

炎黄艺术馆

炎黄艺术馆坐落在北京安定门外慧忠路，毗邻亚运村，是一座艺术博物馆。始建于1986年，建成于1991年9月28日。炎黄艺术馆是我国第一座大型的民办公助的现代化艺术馆，由著名画家黄胄先生倡议海内外一批著名画家、鉴定家、收藏家共同筹办。其建筑新颖，设备先进，集民族性、时代感于一身。炎黄艺术馆以收藏当代中国画为主，同时收藏古代中国字画、文物，近年来又收藏了数百件彩陶、陶俑和民间艺术品。该馆以收藏、研究、展示当代中国画为主，兼顾中国古代字画、文物文献和其他艺术作品的收藏与研究。

炎黄艺术馆的建筑造型仿照金字塔，显得古朴、凝重，总建筑面积为1万多平方米。一层为炎黄艺术中心和画廊，二、三层为展厅，展厅宽敞明亮，富丽堂皇。

建馆以来，艺术馆举办各种大型、重要的展览百余次，如《海峡两岸中国画名家作品展》《任伯年画展》《列宾及同时代画家作品展》《吴昌硕、黄宾虹、齐白石、潘天寿四大家画展》《华君武漫画名作展》《侯波、徐肖冰摄影回顾展》等。此外，配合展览还举办了多次学术研讨会，特别是著名的科学家李政道与黄胄先生

共同发起的《93’科学与艺术研讨会》和由袁宝华、黄胄主持的《95’经济与文化研讨会》，在国内外产生了很大影响。其他如《北京文物精品展》《李可染画展》《馆藏明清书画展》《黄胄作品展》《日本二玄社复制台北故宫博物院藏书画精品展》等展览也吸引了大量美术爱好者，取得了很好的社会效益。

艺术馆的建筑造型吸取了唐、宋时期的建筑风格，并采取非对称性格局，集时代精神、文化传统与地方特色于一体。屋顶采用门头沟茄皮紫色琉璃瓦，檐口瓦当饰以“炎黄”二字图形纹样，外墙以北京西山民居常用的青石板贴面，基座正门侧壁均以卢沟桥的蘑菇石砌成。艺术馆的设计工程由北京建筑设计院副总设计师刘力主持。

艺术馆的正门是用炮弹壳熔铸而成的大铜门，上镌有“说唱俑”“唐三彩”“簪花仕女”等古代艺术珍品的图案浮雕。小展厅和底层入口处的两堂铜门为台湾文化界企业界人士捐赠，图案是“吉祥双凤”与“和氏璧”。艺术馆内设展厅、多功能厅、理事厅、画库、画室、装裱修复车间、画廊、工艺美术商店、炎黄艺术国际交流联谊会、摄影室等。

清华大学图书馆

清华大学图书馆始建于1912年，馆舍由连成一体的东西两部分组成。其建筑总面积为6.16万平方米，设置阅览座位3500余席。清华大学图书馆近年每年订购中外文图书文献资料20余万册（件）。目前，总馆馆藏书刊已达400余万册，形成了以自然科学和工程技术科学文献为主体，兼有人文、社会科学及管理科学文献的多种类型、多种载体的综合性馆藏体系。图书馆实行开放式服务，每天连续开放。馆藏目录检索24小时对外服务。当前年接待读者百万人次，中外文图书年外借总量为百万册。

1911年，清华学堂建立。1912年，清华学堂改建为清华学校，正式建立了小规模的图书室，称“清华学校图书室”。1919年3月，图书室独立馆舍（现老馆东部）落成，建筑面积为2114平方米，迁入新馆舍的同时，更名为“清华学校图书馆”。1928年，清华学堂正式命名为国立清华大学，图书室改名为“清

华大学图书馆”，1919年和1931年分批兴建了馆舍。朱自清、潘光旦曾任馆长。新馆于1987年开始兴建，1991年7月竣工。新旧馆舍总面积为2.78万平方米。

至1990年底，馆藏240万册，包括期刊合订本近30万册。另收藏缩微平片5.7万件。每年新入藏图书6万～8万册，其中外文图书约1.2万册。1990年订购报刊5349种，其中外文报刊2900种。该馆重点收藏与自然科学有关的学术性专著、专业学术性刊物、会议录、各种参考工具书、文献检索工具书等。80年代末以后还对国外著名大学理、工、经济管理等学科的教材、教学参考书、博士论文缩微平片等资料进行了系统收藏。外文期刊中，有自创刊号起完整收藏的《美国国家科学院院报》《英国伦敦数学学会会刊》《化学文摘》《物理文摘》《工程索引》等近200种重要期刊。馆藏古籍约2万种、30万册，其中善本书约2000种、2万余册，以工程史料、专题性文集、地方志等居多。

北京大学图书馆

北京大学图书馆，原名“京师大学常藏书数”，建于1902年。是我国最早的现代新型图书馆之一。辛亥革命后，改名为“北京大学图书馆”。百余年来，北京大学图书馆经历了筚路蓝缕的初创时期、传播新思想的新文化运动时期、建成独立现代馆舍的发展时期、艰苦卓绝的西南联大时期、面向现代化的开放时期。如今，它已发展成为资源丰富、现代化、综合性、开放式的研究型图书馆。

100多年来，经过几代北大图书馆人的辛勤努力，北京大学图书馆形成了宏大丰富、学科齐全、珍品荟萃的馆藏体系。到2005年底，拥有藏书600余万册。馆藏中以150万册中文古籍为世界瞩目，其中20万册5～18世纪的珍贵书籍，是中华民族的文化瑰宝。此外，外文善本、金石拓片、1949年前出版物的收藏数量均名列国内图书馆前茅，为研究家所珍视。近年来大量引进的国内外数字资源，包括各类数据库、电子期刊、电子图书和学术论文在内，已达到数十万种，深受读者欢迎。

多年来，北京大学图书馆得到党和国家领导人的亲切关怀，邓小平同志亲自为图书馆题写馆名“北京大学图书馆”，江泽民同志为北京大学图书馆题词“百年书城”。

2000年，北京大学与北京医科大学合并，原北京医科大学图书馆改称“北京大学医学图书馆”，拥有馆舍面积1.02万平方米，阅览座位1000余个。现有藏书34万余册，以生物学、医学、卫生学和医药类为主，中外文

期刊4000种。

北京大学图书馆馆舍历经变迁，目前的馆舍由1975年建成的西楼和1998年李嘉诚先生捐资兴建的东楼组成。2005年西楼改造工程完成，馆舍面貌焕然一新，至此总面积已近5.3万平方米，阅览座位4000余个。馆舍水平的提升为图书馆面向现代化的发展奠定了坚实的基础。

北京大学图书馆新馆于1996年7月动工，1998年5月，北大百年校庆期间竣工，成为庆典工程，1998年12月中旬正式开放使用。北大图书馆新馆坐落于未名湖南岸、旧图书馆东侧，与旧馆、大草坪相连，新馆由主楼、南配楼、北配楼三部分组成，建筑面积为2.7万平方米，提供2000个座位，可藏书300万册。整座图书馆采用民族化的建筑设计风格，内部采用计算机网络系统、光盘数据存储与检索服务系统、数字通信和音像设备、自动化安全监控等当今国际上先进的技术设计和系统。

新图书馆落成后，北京大学图书馆新旧馆相连，总面积超过5.1万平方米，可容纳藏书650万册，提供阅览座位4000余个，全馆设有采访部、编目部、期刊部、流通阅览部、信息咨询部、自动化部、自动化研究开发部、古籍特藏部、视听资料室、文献服务部、总务科、保安部、馆长办公室及行政部门等。

北京大学图书馆一直把“以研究为基础，以服务为主导”作为办馆宗旨，为读者提供书刊借阅、资源查询、信息与课题咨询、馆际互借与文献传递、用户培训、教学参考资料、多媒体点播等服务，成为北京大学教学科研中最重要的公共服务体系之一。

北京大学图书馆以博大精深的丰富馆藏、深沉蕴藉的精神魅力吸引着无数知识追求者。多少大师在这里读书思索，无数学子在这里徜徉书海，她见证了名师的学术辉煌，传承着北大的学术命脉，她已经成为北大人心中的知识圣殿。

梅兰芳大剧院

梅兰芳是我国戏曲艺术大师，杰出的京剧表演艺术家，对现代中国戏曲艺术的发展起到了承前启后的作用。在半个多世纪的舞台实践中，他继承传统，勇于革新，发展并提高了京剧旦角的演唱和表演艺术，形成了具有独特风格、大家风范的艺术流派——梅派。因此他在国内外一致被誉为“伟大的演员”“美的化身”，他是我国向海外传播京剧艺术的先驱者，对中外文化交流做出了卓越的贡献。以梅兰芳为代表的中国戏曲表演艺术被认为是当今世界三大体系之一。

梅兰芳是中国表演艺术的象征。正因为他在中国戏曲界的特殊地位，我们不但要传承梅先生的艺术精神，也要当仁不让地承担弘扬中国国粹——京剧艺术的历史使命。对于梅兰芳大剧院来说，能够安放梅兰芳大师的雕像，既是一种荣誉，也是一种振兴京剧艺术的责任。雕像宽1.5米，厚2.5米，是雕塑大师根据梅兰芳先生生前的照片制作的，梅兰芳的儿子梅葆玖看过后曾流下热泪，连说“太像了、太像了”。每一个进入梅兰芳大剧院的人第一眼就能看到梅大师的风采，不禁油然而生一种对艺术大师神圣的崇敬感。

梅兰芳大剧院以中国京剧艺术大师梅兰芳先生的名字命名，建筑面积为1.3万余平方米。位于北京西城区官园桥东南角，西二环和平安大道的交叉点。地上5层，地下2层。剧院周围有19个政府机构，20家金融机构总部，2000余所公司商户，是北京西部地区政治文化的核心区之一。

梅兰芳大剧院是一座拥有高新技术含量的演出场所。其厅堂设计、剧场设

计、舞台工艺设计和设备配置具有原创性和中国特色。舞台上六块升降台、三台活动升降车、五十余道电动吊杆和具有国际标准的美国温格尔反声罩系统，创造出炫目的舞台视觉、听觉享受，除适合中国京剧表演外，也能满足国内外歌剧、话剧、舞剧、音乐会等各种艺术形式的演出需要。剧院通体由透明的玻璃幕墙包裹，能看到一道彰显皇家气派的中国红墙，钢架支撑的扇形屋架配以玻璃屋面，构成了一个动态的结构平衡体系，形成了流畅、生动、富有乐感的建筑形体。

大剧院的外部结构体现了现代的设计理念，钢架支撑的扇形屋架配以玻璃屋面，构成了一个动态的结构平衡体系，形成流畅、生动、富有乐感的建筑形体。剧院内部装饰融入了中国传统建筑形式的精髓，红色的立柱、墙壁，镶嵌着数十个金色的木质圆形浮雕，每一座浮雕都凝固和再现了200年来京剧承传的精华。

剧场设计中还别具匠心地安置了10个摄像机位，为电视媒体的录制、直播和演员后台候场提供了条件。

大剧院的声学设计得到了欧盟一流建声专家蒂塞尔先生的指导，以建筑声学为主，电声设计为辅，将建声设计、扩声设计、噪音控制、隔声处理融为一体，追求建声与数字化音响系统的完美结合。观众在剧场欣赏到的是演员、乐队不失真的真声传播。观众厅的设计分为上中下三层，一层为甲级池座，有300多个席位，观赏视觉优良；二层最佳位置设置了5个豪华包厢，每个包厢配有休息室和卫生间，设有专门的疏散通道和电梯；三层楼座设有500多个座位，观众落座观看演出，舒适惬意。

北京野生动物园

北京野生动物园位于大兴区榆垡镇万亩森林之中，是经国家林业局批准，北京市政府立项、北京绿野晴川有限公司投资建设的集动物保护、野生动物驯养繁殖及科普教育为一体的大型自然生态公园。园区占地240万平方米，投资总额为1亿5千万元人民币，汇集了世界各地的珍稀野生动物200多种，共10000余头。北京野生动物园以散养、混养方式展示野生动物，设置散养、放养观赏区、步行观赏区、动物表演娱乐区、科普教育区和儿童动物园等，建有主题动物场、馆32个。

在动物散放区，成群的狼和牛、狮子和狒狒共同生活在一个区域，可以通过数量的控制使其在力量上达到一种动态的平衡，产生一种势均力敌的对峙效果和强烈的视觉冲击力。在步行观赏区，可以跟鹿、狍、松鼠等多种温驯动物戏

耍。置身于森林动物环境之中，能够感受到人与自然的最佳融合。

在主题动物场馆内，可以观赏到世界上最大的、我国一级保护动物棕尾虹雉、白尾稍虹雉、绿尾虹雉等珍稀动物种群，同时还可以观赏到极为珍贵的大熊猫、金丝猴，其中黔金丝猴是首次向世人展示。园中还为中、小学生开设了濒危动物科普教育基地、儿童动物园和儿童乐园。动物表演娱乐区还为游人提供各种精彩的动物表演，具有较高的观赏性和较强的趣味性。

北京野生动物园以“保护动物、保护森林”为宗旨，突出了“动物与人、动物与森林”回归自然的主题，着力渲染“人、动物、森林”的氛围，拉近了人类和动物的距离。增加了人与动物的接触，以现代的无屏障全方位立体观赏取代了传统笼舍的观赏方式。园区突出一个“野”字，体现一个“爱”字，建筑精美别致，绿树环抱，草木扶疏，景色优美，令人心旷神怡。

黑龙江省速滑馆

黑龙江省速滑馆建成于1995年11月18日。该馆占地面积为3.3万平方米，建筑面积为2.2万平方米，跨度为86.3米，长190米，大厅净高24米。设有座席2000个，其中主席台有150个座席。比赛大厅的面积为1.6123万平方米，其中，冰道面积为5124平方米。冰场中央为旱冰场，面积为3800平方米。旱冰场外圈为塑胶跑道，面积为1200平方米。速滑馆设有大小会议室、贵宾室、运动员休息室16套，以及裁判员、记者休息室、兴奋剂检测中心、浇冰车库、广播室、电视转播室、灯光控制室、通信服务室、磨刀室等辅助房间。比赛大厅设有裁判房及80平方米的电子计时记分彩色大屏幕一块。

石家庄空中花园

空中花园全称“空中四季海滨生态公园”，位于河北省石家庄市裕华区翟营大街与塔北路交口。耗资2.6亿元人民币，面积近3万平方米，举高16米，占地2.4万余平方米，将七座高层住宅楼的第六、七、八层连接起来，全部为大型钢结构和全封闭中空高透光率玻璃框架围和而成，36层的宏伟建筑屹立在钢构玻璃之上，是世界顶级酒店花园技术与最前沿科技完美结合的杰作！

据燕赵晚报提供的资料，石家庄空中花园已建成室内生态公园，目前世界上仅三座。一是位于英国康沃尔郡的“现代伊甸园”，有5个足球场那么大；第二个是位于美国田纳西州首府纳什威尔的奥普里兰酒店室内花园，占地约1.8万平方米；石家庄“空中四季海滨生态公园”是第三座。按规模大小，在世界上排名第二，国内排名第一。

公园模拟营造海南三亚的热带自然环境，由计算机给各个终端设备发出动作指令，使园内温度常年保持在18℃～30℃之间，并且随着不同季节和昼夜的温差自然起伏，健身浴场的水温则保持在24℃～28℃之间。龙血树、棕榈树、

三叶槟榔、红芒、水罂粟等上百种热带珍稀植物，高低错落，形态各异，野趣横生；漫步其间，观游鱼、听林涛、赏奇花、摘异果；飞瀑细流，环系周围，不见源头，不知归处，浑然天成；寻幽其中，林木蓊郁，雾霭叠叠，藤缠蔓绕，树上生树，叶上长草，老茎生花，一派神秘的热带雨林景象。园内设有成人游泳池、儿童浅水泳池、儿童戏水区、儿童游乐城堡、长约700米的漂流河、游艇探险区、攀缘墙、空中铁索、木板桥、可看到游弋的金鱼，活的珊瑚、茶道……集休闲娱乐健身餐饮于一体，应有尽有！

天津天塔

天塔位于天津市河西区聂公桥南，紫金山路与津溜公路的汇合处，水上公园对面。天塔的总高度为415.2米，占地20万平方米，为世界第四、亚洲第二高塔，并高于北京的中央电视塔。天塔建成于1991年，耸立于碧波与云霄之间，是世界上唯一一座“水中之塔”，其势如剑倚天，享有“天塔旋云”的美称。

天塔由塔座、塔身、塔楼及桅杆组成。圆形塔座外部飞瀑跌出三层碧水。在248～278米高处建有一座飞碟型七层塔楼，建筑面积达4500平方米，它的最大直径比世界第一高塔——加拿大多伦多电视塔还大出2米多，堪称世界之最。它由2330件、总重1560吨钢构件构成。最大钢梁为14.87米，最重的达8.6吨。

天塔集旅游观光、餐饮、娱乐、广播电视等多项功能于一体，它可同时播出7套彩色电视节目和9套调频立体声广播节目。二层是眺望厅。大厅以特制钢化玻璃为幕墙，晶莹透彻，东西南北各安放了高倍望远镜，透过它，津门全景便尽收眼底。近处可观水上公园的全景，远处宽敞漂亮的中心广场、挺拔秀丽的国际商厦鳞次栉比。倘若傍晚登上天塔，依偎在黄昏的暮色中，看着全城的灯火渐明，更是别有一番情趣。当雾满津门之时，只见塔下雾气翻滚，天上则艳阳

高照，阳光明媚，大有飘飘欲仙之感。三层是旋转餐厅，厅内设192个座席，有现代化配餐室、玻璃方砖布置的酒吧台和用不锈钢扶手把玻璃墙隔开的高低两层转台。这里的灯具、地毯、桌椅无不富丽堂皇。厅内可同时容纳200多人，每45分钟餐厅自转一周，人可以随厅转，目光便会跟着景物一起移动，带给人妙不可言的感受。其余各层是工作间。137.2米高的桅杆，起到了发射电台、电视台节目的作用。

天塔旁的天塔湖内设有世界一流领先科技的大型音乐灯光喷泉组泉、水幕电影，是天塔湖游览区的一个亮点。白天，鲜花草木与湖光塔影相映成趣；入夜，波光闪闪，荧塔与星月争辉，难分天上人间。

天津滨海国际机场

天津滨海国际机场位于天津东丽区，是中国主要的航空货运中心之一，也是新成立的奥凯航空公司的枢纽机场。天津滨海国际机场共有三条跑道。航站楼采用走廊式布局设计，主体建筑面积为11.6万平方米，建筑物最大高度为43米，单层面积为5万平方米，总面积达到25万平方米，旅客吞吐量达1700万人次，货邮吞吐量为50～60万吨；设有60个值机柜台，6台自助值机设备，17条安检通道，19个登机桥。

2010年11月底，有着“空中巨无霸”之称的空客A380从珠海出发，先飞往北京首都国际机场，随即飞往天津滨海国际机场进行内部演示。因此，天津滨海国际机场成为继北京首都国际机场、上海浦东机场、广州新白云机场之后第四个能够完全满足空客A380起降条件的机场。

天津滨海国际机场始建于1939年11月，其前身为天津张贵庄机场。天津是中国最早兴办民航运输的城市之一，1950年8月1日，中华人民共和国第一条民用航线从这里起飞。机场同时担负起新中国专业飞行和技术人才培养的任务，被誉为“新中国民航的摇篮”。1974年，天津机场被确定为首都机场的备降机场。1996年10月，被升格为国际定期航班机场，后更名为“天津滨海国际机场”。2002年12月加入首都

机场集团公司。

天津滨海国际机场距天津市中心13千米，距天津港30千米，距北京134千米，南至津北公路，西至东外环路东500米，北至津汉公路及京津高速公路，东至京津塘高速公路，是北京首都国际机场的固定备降机场和分流机场，是国内干线机场、国际定期航班机场、国家一类航空口岸，是中国主要的航空货运中心之一。地理位置优越，具有较强的铁路、高速公路、轨道等综合交通优势，基础设施完善，市政能源配套齐全。天津滨海国际机场代理国内外客货运包机业务，并提供一条龙服务。同时为各航空公司提供地面代理业务。

西安咸阳国际机场

西安咸阳国际机场位于陕西省咸阳市的张镇镜内，是中国西北地区最大的空中交通枢纽，为中国第八大机场，同时也是中国东方航空集团西北公司、海南航空集团长安公司、南方航空集团西安公司、幸福航空和鲲鹏航空的基地机场。

机场飞行区占地564万平方米，可以起降波音747等大型客机，实行雷达空中管制系统。目前，拥有3000米×45米的跑道和3000米×48米的平行滑行道各一条，停机位59个。目前正在修建第二条平行跑道。机场现有候机楼两座，共10万平方米。机场设计能力为年飞行10万架次、年旅客吞吐量1000万人次、货邮吞吐量13万吨，高峰小时32架次航班保障能力。截至2008年，西安咸阳国际机场旅客年吞吐量已突破1185万人次，居全国各民航机场第8位。2009年机场旅客吞吐量达到1529万人次。2010年达到1801万人次。西安咸阳国际机场分别与国内外20家航空公司建立了业务往来，其中国内航空公司14家，国际、地区航空公司6家。截至2007年4月，开辟了通往国内74个城市的129条航线，并有通往国际和地区18个城市的25条航线，国际和地区直达通航城市6个，为中国内地国际通航城市第四位的城市，西部地区最多的城市。目前共有20家航空公司在机场经营150余条航线，每天有400余架次的航班在机场起降。

陕西历史博物馆

三秦大地是中华民族生息、繁衍以及华夏文明诞生、发展的重要地区之一，中国历史上最为辉煌的周、秦、汉、唐等十三个王朝曾在这里建都。丰富的文化遗产，深厚的文化积淀，形成了陕西独特的历史文化风貌，被誉为“古都明珠，华夏宝库”的陕西历史博物馆则是展示陕西历史文化和中国古代文明的艺术殿堂。陕西历史博物馆位于西安市大雁塔的西北侧，是中国第一座拥有现代化设施的大型国家级博物馆。

陕西历史博物馆建筑的外观主要突出了盛唐风采，馆舍由一组“中央殿堂、四隅崇楼”的仿唐风格建筑群组成。馆舍布局呈“轴线对称，主从有序；中央殿堂，四隅崇楼”的结构特点，融中国古代宫殿与庭院建筑风格于一体。馆区占地6.5万平方米，建筑面积为5.56万平方米。文物库区面积为8000平方米，展厅面积为1.1万平方米。

陕西历史博物馆馆藏文物37万余件，上起远古人类初始阶段使用的简单石器，下至1840年前社会生活中的各类器物，时间跨度长达100多万年。陕西历史博物馆文物数量多、种类全，品位高、价值广，其中有精美的商、周青铜器，千姿百态的历代陶俑，以及汉、唐金银器，唐墓壁画，堪称陕西悠久历史和文化的象征。陕西历史博物馆被誉为“华夏珍宝库”和“中华文明的瑰丽殿堂”。

青岛国际会展中心

青岛国际会展中心是一座集展览、会议、商务、餐饮、娱乐等多功能于一体的现代智能化展馆，位于风光旖旎的青岛高新区世纪广场，濒临大海，环境优美，设施完善，是举办国际展览、国际会议的理想场所。近万平方米的中、高档餐厅和快餐厅，可为来宾提供中西式快餐、大型自助餐等多档次餐饮服务。

青岛国际会展中心于2000年7月投入使用。会展中心室内的展览面积为5万平方米，共可设置3000个国际标准展位。室外展览面积8万平方米。拥有可容纳400人同时开会的豪华会议室1个，可容纳200人同时开会的会议室6个，以及多个中小型会议室、洽谈室和贵宾室。目前，整个展馆实现了楼宇控制自动化、消防自动化和保安监控自动化；拥有先进的网络通信系统和信息管理系统；建立了广泛的国内外展览关系网，加入了世界展览机构。

会展中心占地25万平方米，是山东省和青岛市政府重要的公益性设施，以举办国内外各种大型会议、展览为主，集商务、餐饮、服务为一体的现代化场馆。该中心是一座先进的智能化建筑，具有当今世界先进水平，将成为山东省和青岛市对外开放的窗口。其总建筑面积为7.9万平方米，由三个展览厅、室外展场及停车场组成，可设置1500个国际标准展位，总投资为5.7亿元人民币；二期为会议中心，配有多种语言的同声传译系统；三期为星级酒店及商务中心。该中心全部建成后，将是一座现代化的，符合国际展览、国际会议，集多功能为一体的大型会展中心，是青岛未来展览业振兴的坚实基础。

青岛海军博物馆

青岛海军博物馆由海军创建，是中国唯一一座全面反映中国海军发展的军事博物馆。位于山东省青岛市莱阳路八号，东邻鲁迅公园、西接小青岛公园、南濒一望无际的大海、北与栈桥隔水相望。占地4万多平方米。

海军博物馆是海军组织筹建的一座大型专业性军事博物馆。1988年11月筹建，1989年10月1日正式向社会开放，1993年3月正式列编，1997年3月被定为山东省国防教育基地。

海军博物馆目前已建成室内展厅、武器装备展区、海上展舰区三大部分。室内展厅分中国人民海军史展室、海军服装展室、礼品展室，总面积达1100余平方米。中国海军史展室展出了古代海军史、近代海军史和人民海军史。通过大量史料，详细地介绍了中国海军的起源、发展及其维护国家主权和领土完整的重要作用。海军服装展室主要展出人民海军自1949年诞生以来各个时期装备的制式服装、军衔肩章、勤务符号、进行特种作业的装具等，从一个侧面反映

了人民海军革命化、现代化、正规化建设的进程。在海军服装展室中，比较重要的展品有：海军首任司令员萧劲光海军大将生前穿过的海军大将礼服以及其他办公、生活用品等；曾任全国政协副主席、海军原副司令员邓兆祥将军捐赠的55式海军将官礼服及其他制式服装。礼品展室，展出了60多个国家的军队赠送给我人民海军的各种珍贵礼品300余件，其中比较重要的展品有：1957年11月，苏联国防部副部长兼海军总司令戈尔什科夫海军大将赠送给前去访问的萧劲光海军大将的苏联海军军官佩剑；朝鲜人民军代表团赠送给我东海舰队的珍贵礼品——一段布满弹片的上甘岭枯树干。

武器装备展区，占地2万余平方米，内有小型舰艇、飞机、导弹、火炮、水中兵器、观通设备、水中坦克等七个陈列群，陈列各种装备150余件，其中比较重要的有：1957年8月4日，周恩来总理代表党中央、毛泽东主席检阅驻青岛海军舰艇部队时乘坐的木壳鱼雷快艇；1984年10月1日，军委主席邓小平在天安门广场建国35周年阅兵式上检阅过的“巨浪一号”潜地导弹；萧劲光海军大将乘坐过的伊尔—14飞机、“红旗”轿车；曾经击落美制U—2高空侦察机的红旗—2号地空导弹等。海上展舰区，占水陆面积4万余平方米，停泊着4艘退役的中型作战舰艇，其中有为保卫祖国海疆和人民海军建设做出重要贡献的我国第一艘驱逐舰“鞍山”号；在捍卫祖国海疆的战斗中荣立战功的火炮型护卫舰“南充”号、防空导弹护卫舰“鹰潭”号，以及33型常规潜艇“长城”号、21型导弹快艇等。馆内还设立了富有科学性、知识性、趣味性的射击靶场，可供实际操作的各种岸炮、舰炮、坦克等，还设有舰艇模型室、潜望镜室。

海军博物馆的建馆宗旨是弘扬中华民族悠久的历史文化，展示我国海军的发展历史，宣传人民海军的战斗历程和建设成就，增强全民族的爱国意识和海洋国土观念。具体职能：收集、收藏海军各历史时期的重要文物史料和各类装备，研究、陈列海军文物，对部队和广大人民群众，特别是对青少年进行爱国主义教育。

济南国际园博园

济南国际园博园位于长清区大学科技园内，占地345万余平方米，其中湖面面积为96万平方米，是目前国内最大的陆地园博园，展园总数达108个，包括17个省内城市、45个其他城市、我国港澳台地区以及21个国外城市，加上9个设计师展园和13个专类园。

园内的八个功能分区包括公共区、中央湖区、国内展区、国际未来展区、齐鲁展区、休闲娱乐区、趣味园展区、苗木储备区。三大主题建筑是水之门、主展馆和科技馆。

集中建设展现齐鲁文化的齐鲁园占地面积为23万平方米，是园博园中极具魅力的展园之一，位于长清湖西侧，投资约6000万元，通过齐鲁园这一特殊窗口，领略齐鲁文化的博大精深，成为园博会举办史上的一大创举。齐鲁园总体骨架以小型山丘及缓坡地形为主，共设置了历史文化城市展区、沿海城市展区和黄河流域城市展区三大组团，集中展示了山东省境内17个城市的园林精品。

历史文化城市展区包括济南园、泰安园、济宁园、淄博园、莱芜园、枣庄园和临沂园，沿海城市展区包括青岛园、烟台园、日照园、潍坊园和威海园，黄河流域展区包括德州园、东营园、菏泽园、滨州园和聊城园。

济南园位于齐鲁园东南部的小岛上。该园设计以“古城泉韵”为主题，突出古城济南的文化气息和韵味。

从南门入，“济泉苑”便映入眼帘，楹联为欧阳先生所题写的“佛山惠泽注清泉”和“济水南来凝碎玉”。此外，在济南园内，只要有门就能看到对

联，这也是园内的一大特色。入门后有一座方亭，亭顶中空，下有舜井。亭后为主体建筑瀛泉楼，共两层，一层展示关于济南泉文化、民俗风情等内容；二层为茶社，供游人品茶观景，透过木窗，可观赏湖对岸的传统展园美景。

穿过游廊，水声潺潺。瀑布之上有一座方亭，名“泺上亭”，此处为园内的制高点，可俯瞰全园。

北川园是园博园里很特别的一个园，如果说其他展园集中展示园林和文化的话，那么北川园会让你感受到震撼和温暖。展园中的爱心卡上写着汶川儿童的姓名和心愿，游客可以帮助他们实现心愿。而雕在墙上的规划图，让人感受到了汶川的新希望。

北京园一上来就给人一种大气的感觉。往里走，就能听到水声了。还没见到泉水，却看到“玉泉趵突”四个大字，这让人有些纳闷。原来，玉泉和趵突泉分别为北京和济南的泉水名片，二者相结合，巧妙地把两地的历史和文化联系在一起。据介绍，“燕京八景”之一的“玉泉趵突”初名“玉泉垂虹”，乾隆出巡至济南，观赏过趵突泉后大为赞赏，回京后遂改“垂虹”为“趵突”。

在园博园都市现代园林展区，除了香港园、深圳园，还有台北园。刚到园门口，你就能看到两个形态可掬的原住居民雕塑正微笑着做欢迎状。走进去，哗啦啦的水声又会占据你的感官，这意味着你来到了平溪十分瀑布。瀑布沿着山势顺流而下，汇成一股溪流流出园外。顺着溪流走，你会看到一些莺歌陶艺，像大水壶、大螃蟹等，十分逼真。快出园门时，一座情人桥正等待有情人在此路过。

除了以上介绍的几处园林区，还有以“香螺”螺旋形通道为入口，吸引游客步入其中，欣赏“浓缩青岛”迷人舞姿的青岛园；以“五色烟台”为主题，将红、金、蓝、紫、绿五色的概念融入园林中，诠释烟台的五彩形象的烟台园；用贝壳勾勒“日出形象”的日照园；通过传统海草房体现“幸福人居”的威海园；以“古城泉韵”为主题再现“清泉石上流”的济南园等漂亮且富有特色的园林景区。

武汉琴台文化艺术中心

武汉琴台文化艺术中心的总建筑面积为6万平方米，主要包括1800座的大剧院、1600座的音乐厅和附属设施。与大剧院隔湖相望的文化广场由亲水平台、临水舞池和园林绿化组成，可同时容纳3万人观赏演出。

琴台文化艺术中心东至江汉一桥，西至月湖桥，南至琴台路，北至月湖大道，是江城最大的文化主题公园。傍汉江、枕月湖、背靠梅子山，这里被誉为“武汉最美的客厅”。该中心整体环月湖而建。月湖北岸包括已建成的琴台大剧院以及正在建设的音乐厅；南岸为文化广场，包括凤凰广场、万人露天剧院、月影舞台；东侧为知音岛，绿意葱茏，还有会“唱歌”的雕塑；东南侧为音乐森林，流水潺潺；西南边为莲花湿地，栈桥曲折相连，沿湖边延伸……

高山流水、凤凰广场、莲花湿地，为琴台文化艺术中心的三大绿色景区。它们沿着五琴路月湖湖畔蜿蜒而至，长1.2千米，总绿化面积达60多万平方米，与琴台大剧院隔湖而望。

高山流水景区内，人造有高6米的山坡和4000平方米的水池。山坡上栽种梧桐，寓意“梧桐招凤”，坡上开凿有四道叠池，好比山溪流入大水池。

从空中鸟瞰，凤凰广场像一只腾空而跃的金凤凰。广场内引入具有高新技术含量的“感应跳泉”，“泉水”随你而跳，情趣盎然。

莲花湿地位于景区末端，从空中俯视形如弹琴的五指。湿地内有30多种水生植物。

三大景区内所有水道与月湖相通，植物品种多达300余种，包括蓝冰柏、乌桕、狼尾草、美国薄荷等珍贵植物。景区移栽的大树有10000多棵，其中树龄最老的是从山东移栽的200多岁的银杏。

琴台大剧院剧场舞台总进深50米，主舞台可任意升降、倾斜、平移，侧舞台可互换或与主舞台组合，后舞台可旋转、平移，舞台功能国际领先，可接纳世界所有大型舞台艺术剧目演出。舞台上下方设备联动，组合模式千变万化，给艺术创造了巨大空间，能满足国内外各类歌剧、音乐剧、戏剧、戏曲、音乐会的使用要求。剧院的大堂高20余米，面积为3600平方米，疏朗开阔。设有陈列、展览、艺术信息交流区。通透的玻璃幕墙，使室外月湖、亲水广场、汉江景观尽收眼底。11.4米的高处有挑出平台，观众可以“从空中”走到室外，俯瞰周边。白天，大剧院内外通透，阳光直洒；入夜，欢快热烈，观众置身于光影交织的艺术梦境中。观众厅有一个升起的池座座位区和两层楼座。多功能厅的观众席位是可移动的，舞台和观众席可根据需要转换不同类型。剧院大堂内有艺术阅览室和咖啡厅。底部架空层除了停车，还布置了一条艺术品商业街。

琴台音乐厅共6层，高37米，其中地下1层，地上5层，由交响乐厅、室内乐厅、多个艺术展示厅、排练厅，以及汽车库、公共服务空间、交通辅助用房等组成，总建筑面积约为3.6万平方米。内部造型采用了世界流行的“欧洲经典鞋盒”造型，声音流动性好，弦乐器与木管乐器、木管乐器与铜管乐器的平衡能让音乐更具整体感、丰满感。

武汉天兴洲长江大桥

武汉天兴洲长江大桥是武汉的第六座长江大桥，第二座公铁两用桥，武汉三环线重点工程。于2003年12月奠基，2004年9月28日开工，并于2008年9月10日合拢，武汉天兴洲长江大桥于2009年12月26日建成通车。武汉天兴洲长江大桥是世界上最大的公铁两用桥，总投资约110.6亿元人民币。

天兴洲长江大桥由武汉市与中国铁道部合作建设。位于武汉长江二桥下游10千米处，西北起汉口平安铺，东南止武昌武青主干道，主桥长4657米，主跨为504米，公路引线全长8043米，铁路引线全长60.3千米，全桥共91个桥墩，总投资约110亿余元，其中主跨为504米，超越丹麦海峡大桥而成为当今世界公铁两用斜拉桥中跨度最大的桥梁，它将是继武汉长江大桥之后的我国第二座公路、铁路两用斜拉桥，同时也是世界上第一座按四线铁路修建的大跨度客货公铁两用斜拉桥，可以同时承载2万吨的重荷。同时，武汉天兴洲大桥也是中国第一座能够满足高速铁路运营的大跨度斜拉桥，其四线铁路为京广高速铁路和沪汉蓉客运专线，其中沪汉蓉客运专线设计时速为250千米。上层为6车道公路，设计时速为80千米；下层为可并列行驶四列火车的铁道，

设计时速为200千米。公路引桥长5.1千米；新建铁路线长22.6千米。

大桥两端共四座配套立交分别为：汉施公路、和平大道、友谊大道和青化路立交。

汉施立交为两层半苜蓿叶式互通立交，和平大道立交为两层环喇叭式互通立交，友谊大道立交为二层部分迂回式互通立交，青化路立交主线全长2442.5米，桥宽27米，为全互通立交。

天兴洲大桥公路引线建成后，不仅在青山与汉口之间开辟了新的过江通道，还将对解放大道下沿线、和平大道、友谊大道、武汉火车站的交通疏解起到重要作用。

这座大桥拉通了我国铁路南北第二条大动脉：京广客运专线和东西重要通道——沪汉蓉铁路。同时也是武汉三环线高速路的最后一段工程。

武汉天兴洲长江大桥气势宏伟，建设规模宏大，其工程量相当于武汉长江大桥和芜湖长江大桥的总和。它集众多桥梁新技术、新结构、新工艺、新设备于一体，是继武汉、南京、九江和芜湖长江大桥后，我国公铁两用桥梁建设的第五座里程碑，代表当今国内外桥梁技术最高水平的标志性桥梁工程，是中国铁路建设史上一次新的跨越。

武汉辛亥革命博物馆

武汉辛亥革命博物馆，也称武汉辛亥革命纪念馆、武汉辛亥革命武昌起义纪念馆。馆址为中华民国军政府鄂军都督府旧址，也称武昌起义军政府旧址、辛亥革命军政府旧址、辛亥革命武昌起义军政府旧址等。

武汉辛亥革命博物馆是依托全国重点文物保护单位中华民国军政府鄂军都督府旧址而建立的以纪念辛亥革命为主题的专题性博物馆，也是湖北武汉辛亥首义文化的标志性景观。馆址位于湖北省武汉市武昌区阅马场广场北端，西邻黄鹤楼，北倚蛇山，南面首义广场。旧址占地1.8万多平方米，建筑面积近1万平方米。因旧址为红墙红瓦，武汉人称之为“红楼”。武汉辛亥革命博物馆原为清朝政府设立的湖北咨议局局址，于清宣统二年（1910）建成。1911年10月10日，在孙中山民主革命思想的旗帜下集结起来的湖北革命党人，蓄势既久，为天下先，勇敢地打响了辛亥革命的“第一枪”，并一举光复武昌。次日在此组建中华民国军政府鄂军都督府，推举湖北新军协统黎元洪为都督，宣告废除清朝宣统年号，建立中华民国。随即，辛亥革命领袖之一黄兴赶赴武昌，出任革命军战时总司令，领导了英勇悲壮的抗击南下清军的阳夏保卫战。武昌义声得到全国响应，260余年的清朝统治

顿时瓦解，2000多年的封建帝制随之终结。武昌因此被誉为“首义之区”，红楼则被尊崇为“民国之门”。

经过建设和发展，辛亥革命博物馆已先后被命名为“全国青少年教育基地”“全国百个爱国主义教育示范基地”“中国侨联爱国主义教育基地”和国家4A级旅游景区。

2009年底开建的新辛亥革命博物馆位于武汉市武昌首义广场南侧，与蛇山、辛亥革命纪念馆、首义文化园、辛亥革命纪念碑、辛亥革命烈士祠、紫阳湖等处于同一条轴线上，建筑面积为2.2万平方米，是一座三层式建筑，总投资3.34亿元人民币。

据介绍，项目设计融合了中国传统建筑和现代手法：正面高台加大屋顶的架构，传承了中国建筑“双坡屋顶”和飞檐翘角的特质；侧面三块几何形拼出的“破土而出”意象，颂扬了敢为人先的首义精神。

博物馆石质外墙沿袭了武昌古城墙的红色，以肃穆凝重的“楚国红”为主色调，与蛇山、红楼及武昌老城区相协调。

长江三峡大坝

长江三峡大坝为世界第一大水电工程，位于西陵峡中段的湖北省宜昌市境内的三斗坪，距下游葛洲坝水利枢纽工程38千米。三峡大坝工程包括主体建筑物工程及导流工程两部分，工程总投资为954.6亿元人民币。于1994年12月14日正式动工修建，2006年5月20日全线建成。

在2008年6月6日《中国工业发展报告——中国工业改革开放30年》的过程中，中国社会科学院院工业经济研究所专家和学者评选出了“中国工业改革开放30年最具影响力的30件大事”，三峡工程名列其中。

2006年5月，全长2309米的三峡大坝全线建成，是世界上规模最大的混凝土重力坝。三峡工程是迄今世界上综合效益最大的水利枢纽，除发挥巨大的防洪效益和航运效益外，其1820万千瓦的装机容量和847亿千瓦时的年发电量

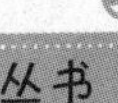

均居世界第一，三峡大坝荣获中国世界纪录协会世界最大的水利枢纽工程世界纪录。

三峡大坝坝顶总长3035米，坝高185米，正常蓄水位175米，总库容为393亿立方米，其中防洪库容为221.5亿立方米，能够抵御百年一遇的特大洪水。

三峡大坝是当今世界上最大的水利枢纽工程，集自然美景、古代遗址和现代奇迹于一身，为世界罕见的新景观。

葛洲坝

葛洲坝水利枢纽位于湖北省宜昌市境内长江三峡末端的河段上，距上游的三峡水电站38千米。因坝址横穿江心小岛葛洲而得名。它是长江上第一座大型水电站，也是世界上最大的低水头、大流量、径流式水电站。1971年5月动工兴建，1972年12月停工，1974年10月复工，1988年12月全部竣工。坝型为闸坝，最大坝高47米，总库容为15.8亿立方米。年均发电量为140亿千瓦时。

长江三峡段，坡度陡，落差大，峡长谷深，不但水利资源丰富，而且坝址优良，是建设大型水利枢纽工程的理想地点。毛泽东曾为此写下了“高峡出平湖”的壮丽诗篇。这里的江中有葛洲和西坝洲两个小岛，将长江分割成三条水道。

葛洲坝水利枢纽工程综合利用长江的水利资源，具有发电、航运、泄洪、灌溉等综合效益。葛洲坝水利枢纽工程的兴建，将使坝的上游水位抬高20多米，向上游回水100多千米，形成一个蓄水巨大的人造湖，同时也有效地改善了三峡航道的险情。为了保证建坝后顺利通航，葛洲坝水利枢纽工程建有三座大型船闸，其中一号船闸建在大江上，面积相当于两个篮球场那么大，比著名的美国田纳西河上的威尔逊“人”字门还要大，

可谓“天下第一门”。

在大坝合龙的过程中，当龙口只剩20米宽时，滔滔的江水咆哮着、怒吼着，25吨重的混凝土块一投下去马上就被发狂的江水冲走了，冲了再投，投了再冲，就这样一直持续了2个多小时，坝头仍毫无进展。后来截流大军用粗实的钢丝绳把4个25吨重的混凝土块联成“葡萄串”，两岸同时把2个重200吨的“葡萄串”抛入龙口，大坝才终于合拢。为了在发特大洪水时快速泄洪，葛洲坝还安有泄洪闸，既能下泄洪水，又能对洪水起到缓冲作用，在一定程度上减轻了洪水对下游的危险。

葛洲坝不仅是一项重要的水利工程，同时也是一座纵贯南北的长江大桥，其坝顶建有铁路、公路和人行道，连接了鄂西地区的南北道路。游人参观葛洲坝，可先到葛洲坝工程局接待室观看大坝电动模型和大江截流彩色纪录片，然后上坝饱览壮丽的大坝风光。

郑州碧沙岗公园

碧沙岗公园位于河南省郑州市嵩山路和建设路交叉口东南。东临解放军防空兵学院，西接嵩山路，面积约为26万多平方米。

1928年，冯玉祥为纪念北伐军阵亡将士在此建立陵园，亲笔提名“碧沙岗”，并以石雕刻、嵌在北门之上。陵园内还修有三民主义纪念亭，并立有碧血丹心纪念碑。陵园中部设祠堂，名“昭忠祠”，郑州市博物馆曾设在这里，现为郑州市考古研究所办公处。祠为古式建筑，占地约4070平方米。前后两进大院，正面有前后两座殿堂，是安放灵牌的地方，两侧各有一间廊房。大门曾经重修，左右各有一耳室，门外一对石狮，前院中央存汉白玉碑座，碑身现存院内。后殿堂的内壁镶嵌方形碑铭近百块，为冯玉祥部师长以上将领为阵亡将士题写的挽词。祠堂前分列五座六角凉亭，以纪念“三民主义”。

1956年，郑州市人民政府将陵园改建为碧沙岗公园，并不断增添游艺设备，修建苗圃花坛。碧沙岗陵园的北伐将士遗骨得到清理，并集体安葬在郑州烈士陵园，陵园改建成公园后，原有结构没有发生较多变化，陵园祠堂、纪念碑、石马、纪念

亭、祠园古植物等都保存完好。现在碧沙岗公园内繁花似锦，绿草成茵，翠绿依依，古柏参天。春有桃李，夏有牡丹，秋有桂菊，冬有水仙、红梅、铁树、昙花等名贵花木点缀其间，一年四季，景色宜人。这里还修建了热带鱼展览馆，展出20多个品种。景小但却别有一番情趣。此外，园内五角亭、牡丹亭、盆景苑，各有特色。电影室、展览室、溜冰场、宇宙飞船、儿童乐园的布局错落有致。

碧沙岗公园吸引了不少国内外游客。每逢节假日，这里更是游人如织，热闹非常，为游览娱乐的好去处。如今的碧沙岗，商埠林立，已成为郑州西区重要的十五个商业区之一。

长沙火车站

长沙老火车站始建于1912年，设在市区中心今五一大道以南、浏城桥以北的肇家坪对面，占地万余平方米。站内有四股车道、两个站台、一个候车室，设备十分简陋。直到1949年长沙解放，长沙火车站划归衡阳铁路管理局武昌分局管理，才兴建了一些平房，作为办公、售票、行李包裹装卸用房。新修的候车室也仅有600多平方米，200多条长方形木靠椅。每日上下行客车20多列，上下车旅客不过三四千人，高峰期也不足万人。

到了1975年，邓小平同志大力强调发展国民经济，充分发挥铁路“大动脉”的巨大作用，搁置多年的长沙火车站新建计划才被提到重要日程上来。经铁道部、省政府报请国务院批准，决定兴建新车站，在新线拉通以后，立即拆除长北至长南区间这段铺设在市区中心、有碍城市发展的约8千米长的原有轨道。

长沙新车站于1975年7月动工兴建。新址是个有利于建设发展的好地点，当时属于郊区五一、火星两个生产大队的地域，除省储备局三三五处、省广播设备厂、市酱厂几个需

拆迁的单位外，其余均是些农舍、菜地、橘园、鱼塘和荒地。最让建设者头痛的是，车站主楼、售票厅及广场一带是个较大的沼泽湖，湖边芦苇、杂草丛生，湖中淤泥沉积，深2～3米，最深处有7～8米，给施工带来了极大困难。为尽快实现路通、水通、电通，加快建站工程建设，铁道部调集了最好的技术力量和装备，采用沉沙打桩的方法，将一车车、一列列数十万吨河沙倾泻在沼泽低洼地带。在平整的土地上，施工专业队伍、全市人民、解放军官兵以极大的革命热情，争分夺秒地建设毛主席家乡的新车站。无论白天黑夜、暑热严寒，机器声、号子声、歌唱声不绝于耳。历时3年，1977年7月1日，中国共产党诞生56周年之日，长沙火车站在隆重的庆贺声中正式建成通车。

2009年12月26日，长沙火车站总建筑面积为18余万平方米，有8座站台和16条股道，长沙火车进入高铁时代。

南京朗诗城市广场

朗诗城市广场位于江苏省南京市河西新城区，是商业区与商务区“十”字形布置的交叉点。作为河西新城区内的标志性建筑，朗诗城市广场与周边在建的南京图书馆、艺兰斋美术馆、奥体中心、高尔夫发球场、万景园国际会议中心以及十大标志性建筑构成了巍巍壮观的现代化河西新城。朗诗城市广场外立面优雅简洁，超高层主楼采用玻璃立面，顶端是四扇独立的玻璃墙，造型外圆内方，由不同高度和斜度的弧形玻璃墙组成，具有独特的视觉效果。“竹”的造型体现了中国的传统精神，也预示着新城、企业节节高升的含义。

广场主楼建筑面积约9万平方米，为纯甲级写字楼，层高4米。首层接待大堂净高12米，彰显企业的尊贵身份。公共通道为“十”字形，用户可以通过最近的通道到达电梯厅。无柱平面布局使办公空间开阔宽敞，可作任意分隔。此外，主楼在低、中、高段分别

设有层高8米的特殊办公空间，可充分满足不同企业对办公空间的个性化需求。大厦中段安排有集职员餐厅、自动提款机、花店、邮局等配套功能，足不出楼就可以享受到各种配套服务。会员式三层高级会所，与园林景观相结合，南京首家高空园林式西餐、中餐厅，在高空中体验新都市风采是国际品质写字楼的象征。通过电梯井道的合理利用和优化组合，大厦的垂直运输达到了国际化标准。机电系统按照国际标准配置。广场辅楼建筑面积约为3.5万平方米，为四星级酒店。广场裙楼建筑面积约为4.7万平方米，定位为高级精品商业旗舰店、零售精品店、高档餐饮、高级休闲娱乐等功能。朗诗城市广场通过各部分的定位打造出一个新颖、别致的白领活动之所。在注重环保、节能、健康的前提下，充分运用成熟的先进技术、创造出了立体式生态园林与高效实用功能空间相结合的现代化建筑，塑造出高端的物业形象。

徐州汉兵马俑博物馆

徐州汉兵马俑博物馆是中国遗址性博物馆。位于江苏省徐州市东郊狮子山西麓。1985年5月在兵马俑坑发掘的基础上建馆，9月建成，10月1日正式开放。

据悉，汉兵马俑博物馆改扩建工程从2004年10月动工，博物馆面积在原有基础上增加了5000多平方米。改扩建后的博物馆不仅建筑风格具有浓郁的历史文化气息，而且增加了一个军事展厅和一个临时展厅。军事展厅有500多平方米，主要陈列一些汉代兵器、兵马俑的军阵及演变过程；临时展厅主要用来展览一些从外地兄弟单位引进的古代文物。

这批分布于六条俑坑，总数为4000多件的陶俑群反映了西汉初年分封在徐州的楚王国军队的整体建制。步兵中既有官吏，又有普通战士，如持长械俑、弓弩手俑、发辫俑等。车兵中则有甲胄俑和御手俑之分，对研究我国古代军事

史具有重要意义。作为楚王的陪葬俑，所有陶俑的面部表情则多表现得悲怆肃穆，展示了楚国工匠的杰出制作工艺和艺术表现力。

此次发现是继咸阳杨家湾西汉彩绘兵马俑、西安临潼秦代兵马俑之后的第三批重要发现。当地政府在原址建立起全国第二处兵马俑博物馆。展出的兵马俑分为兵士俑、官员俑、马俑、盔甲俑和跪坐俑等五类。

俑皆为陶土烧制，青灰色，计有马4匹，官吏俑1件，剩下的是甲胄俑、跪坐俑、盔甲俑、发辫俑、发髻俑、弓弩手俑及持长械俑等。俑的身上涂粉，局部还涂有颜色。

汉代社会是一个视死如生的社会，人们认为人死以后，只是换了一个地方继续生活，因此生前所能享受到的一切物质待遇和精神待遇，死后都要想方设法带到另外一个世界去，徐州的各座楚王墓中，粉仓、厨房、钱库、乐舞厅、会客厅应有尽有，就连厕所也制作得一丝不苟、设施齐全。在这样的一个背景下，一些手握重兵的诸侯王和高级将领，死后自然希望能继续指挥千军万马，兵马俑也就随之应运而生了。

从制作工艺上讲，兵马俑是用模子制作出来再经二次加工塑造成的，大小差不多。但是，如果仔细观察就会发现，他们的表情千姿百态，各不相同。他们当中有一个昂着头，张着嘴，仰着身子的陶俑，仿佛在情不自禁地号啕大哭，身边的两位一个探过头来，一个侧过脸来像是在安慰、劝说正在号哭的人，有的则是低着头，皱着眉，嘴角向下撇，显出性格内向、默不作声的悲郁神情，这与整体庄严肃穆的军队主题是相吻合的。

汉兵马俑在继承了秦俑风格的基础上加以发展，由写实转变为写意，它不注重人物线条的比例是否准确，而侧重于人物的内心世界和精神风貌。

江苏淮安周恩来纪念馆

周恩来纪念馆于1988年3月在周恩来总理的故乡江苏省淮安市兴建，1992年1月6日落成并对外开放。1998年为纪念周恩来总理诞辰100周年，又增建了仿北京中南海的西花厅和周恩来铜像广场。周恩来纪念馆馆名由邓小平题写。

周恩来纪念馆位于全国历史文化名城淮安市楚州区桃花垠。整个馆区由两组气势恢宏的纪念性建筑群、一个纪念岛、三个人工湖和环湖四周的绿地组成。馆区总面积为35万平方米，其中70%为水面，建筑面积为1.5万平方米。在纪念馆南北800米长的中轴线上依次有瞻仰台、纪念馆主馆、附馆、周恩来铜像和仿北京中南海西花厅等纪念性建筑。此外，还有岚山诗碑、海棠林、海棠路、樱花路、五龙亭、怀恩亭、西厅观鱼等景点。周恩来纪念馆馆区平面图呈等腰梯形，俯瞰全景，纪念岛和三个人工湖构成汉字“忠”形。由中国工程院院士、东南大学教授齐康总设计。设计曾获国家设计大奖，工程质量获国家建筑最高奖——特别鲁班奖。

一代伟人周恩来的崇高威望，独具特色的纪念性建筑，丰富的馆藏文物，优美的馆区环境，规范的管理服务，

使周恩来纪念馆成为淮安两个文明建设的重要窗口，成为江苏省和全国重要的爱国主义教育示范基地和旅游胜地。建馆以来，周恩来纪念馆每年接待中外游客近100万人次，免费和优惠接待青少年学生团体、军人50万人次。1995年被中国文化部、人事部授予全国文化先进集体称号；1996年被国家文物局授予全国文物系统优秀爱国主义教育基地称号；1997年被中国人事部、国家文物局授予全国文博系统先进集体称号；1998年被中宣部确定并公布为中国爱国主义教育示范基地；1999年被命名为江苏省文明单位；2000年被命名为江苏省文明风景旅游区示范点。

主馆分为三层，一层展厅共分八个部分，通过丰富翔实的文献史料和珍贵的文物图片以及五台电视显示屏，展现了周恩来光辉的一生。二层瞻仰厅置放着周恩来坐像。这尊汉白玉雕像高3.2米，基座高1.5米，展现的是周恩来总理手握长卷、微笑凝视着前方的伟人形象。从纪念馆的正面隔湖望去，南面是观景台，它由廊厅和两座高达16米的剑碑组成，象征着周恩来的丰功伟绩与日月同辉。从这里乘游艇，可直达周恩来故居。

每到清明时节，淮安的每所学校都会去周恩来纪念馆瞻仰敬爱的周总理，学习他的那种胸怀和精神。如今，周恩来纪念馆已经免费对外开放，更多的海内外游客慕名而来瞻仰伟人的风采。

淮海战役纪念馆

淮海战役纪念馆是为了纪念解放战争时期三个大战役之一的淮海战役(1948.11.6～1949.1.10)而建立的纪念馆。馆址位于江苏省徐州市南郊淮海战役烈士纪念塔园林内。1959年筹建，1965年11月开放。陈毅元帅题写馆标。

淮海战役纪念馆是一座具有民族特色的建筑。馆顶是琉璃瓦，中间是庑殿重檐门廊，建筑面积为2800多平方米。馆内陈列分前厅、序言厅、战役厅、支前厅、烈士厅、后厅六部分，共展出珍贵文物、历史照片以及油画、国画、雕塑等2200余件，包括毛泽东同志为中央军委起草的《关于淮海战役作战方针》的电报手稿，淮海战役总前委指挥作战用的电台，韩联生等86名烈士的遗像、遗物等。展览文物丰富，重点突出，布局合理，设备先进。

淮海战役是解放战争时期我人民解放军对国民党军南线主力进行的规模巨大的歼灭战。战役中，中原、华东两大野战军在中央军委和总前委的英明领导下，浴血奋战，首歼黄百韬兵团与碾庄，继歼黄维兵团于双堆集，再歼杜聿明兵团于陈官庄，历时65个昼夜，共消灭国民党军555000余人。纪念馆战役展示了大量翔实、珍贵的历史照片、革命文物和艺术作品，真实再现了淮海战役的光辉历程，充分展示了中央军委和总前委的卓越指挥才能，形象反映了我军指战员英勇无畏、压倒一切敌人的英雄气概。

该馆藏品1.5万多件，其中一级文物79件。共展出文物、照

片、图表、美术作品等2000余件。其中有淮海战役总前委用的电台、随军民工支前使用的小竹竿、烈士生前用过的笔记本等。馆内另设放映厅，放映有关淮海战役的历史影片。专题陈列“徐州双拥陈列馆”，陈列老一辈无产阶级革命家题词15幅，照片约500幅，实物近40件。

缅怀先烈厅陈列了86位烈士的遗像、生平事迹和遗物，陈列了党和国家领导人参观纪念馆、缅怀先烈的珍贵图片。战役中，3万多名中华民族的优秀儿女献出了宝贵的生命，他们当中，有身经百战、屡建战功的军事指挥员；有以身作则、密切联系群众的政治工作者；有视死如归、冲锋陷阵的士兵；有不畏艰险、保证供给的后勤人员……他们为中国人民解放事业英勇献身，建立了不朽的功勋，他们的光辉业绩将永载史册，他们的精神将永远激励中国人民在建设社会主义和共产主义的壮丽事业中奋勇前进。烈士英名录中记载着31006名烈士的英名。

安徽国际新博览中心

安徽国际新博览中心，又称安徽国际会议中心、安徽国际展览中心。位于合肥市滨湖新区庐州大道与锦绣大道交口的西南角，是全国规模最大、配套最齐全的会展中心之一，为安徽会展之冠，整个项目占地50.26万平方米，总建筑面积约为23.3万平方米，投资估算约20亿元，项目北临十五里河生态公园，东依在建的地铁一号线和周围多条公交线路，临水而建，保证了人们亲水的需求，发达的交通网络拉近了项目与合肥城市各区域的距离。

安徽国际新博览中心一期建设包括6个标准展厅、登录大厅、主展馆及其所在的长廊。总体规模是现今安徽国际会展中心的5倍。

会展中心周边还将会展中心、会议中心及酒店集中设置。会展展厅东西向还设计了120米长的商业街，商业、娱乐、休闲、餐饮等项目在此集中配置，形成了具有滨湖特色的商业步行街。安徽国际新博览中心将成为合肥滨湖新区的地标性建筑之一。

会展大厅作为项目标志性建筑，造型新颖、大气。在建造方面，项目大量采用太阳能、地热等绿色环保能源，并充分考虑自然通风，使能耗降低，减少了后期运营成本。建成后，该会展中心将成为国内展览面积最大且配套设施最齐全的会展中心之一，可满足国内外各种类型的展览需求，促进会展经济的发展。

上海世茂国际广场

上海世茂国际广场，位于上海市南京路步行街的起点，总建筑面积近17万平方米，主体建筑高达333米，居浦西楼宇之冠，十里南京路的繁华全貌尽收眼底，其鲜明独特的建筑艺术必将成为南京路的又一标志性景观。

作为上海近代商业发祥地的南京路，集合了四大百货商厦——先施、永安、新新、大新，是当时中国国内最摩登的大型商场和百货业的魁首。现代的南京路已经成为现代商业的展示台和竞技场。据统计，南京路步行商业街在2年间就累计接待各地游客8亿人次，同时，充足的客流也带来了巨大的购买力。

资料显示，南京路步行街将营造优雅的购物环境，形成了三个主要商业圈，其中最主要的便是以西藏路、南京路口为核心的商业圈：在现有的第一百货商城、新世界商城以及在建的世茂国际广场等商业设施的基础上，结合人民公园和大光明、和平电影院的改造，形成购物、文化、娱乐和休闲特色。总投资30亿元的上海世茂国际广场，就孕育在如此优越的地理环境之中。

世茂国际广场占据着得天独厚的地理位置，蕴藏着巨大的商机和难以估量的商业价值。而世茂国际广场建筑本身也会为这一区域增色，除作为城市新地标的浦西第一高楼鹤立鸡群外，其独特造型和庞大的体量也是很少见的。面向南京路的开放式广场手法独特，非常大气，尤其值得一提的是，其地面采用与南京路步行街地面一致的花岗岩饰面，体现了建筑与道路的自然过渡，使建筑自然融入城市，体现出商家的恢宏气度，也使城市空间大为增色。

金茂大厦

金茂大厦，又称“金茂大楼”，位于上海市浦东新区黄浦江畔的陆家嘴金融贸易区，楼高420.5米，目前是上海第二高楼（截至2008年8月）、中国大陆第3高楼、世界第8高楼。于1994年开工，1998年建成。地上88层，若再加上尖塔的楼层共有93层，楼面面积为27.8707万平方米，有多达130部电梯与555间客房，现已成为上海的一座地标，是集现代化办公楼、五星级酒店、会展中心、娱乐、商场等设施于一体，融汇中国塔形风格与西方建筑技术的多功能型摩天大楼。

金茂大厦地下室共有3层，建筑面积达5.7151万平方米，设有800个泊车位的停车场，2000个自行车停靠位。每层每个区域都有360°旋转云台摄像机进行监视，安全性较强。

金茂大厦东临浦东新区的繁华景象，西眺上海市及黄浦江的幽雅景致，南向浦东张杨路商业贸易区，北临10万平方米的中央绿地。大厦周边道路网络发达，交通十分便利，过江隧道和地铁二号线直达。从金茂大厦去浦西最繁华的街区，过隧道仅需2分钟，到上海虹桥机场或到浦东国际机场车程时间仅30分钟，地理位置优越。

新锦江大酒店

新锦江大酒店临近淮海路商业街，这里是上海超级时尚零售店和各种高级餐厅及酒吧的汇集地，附近有地铁一号线。酒店拥有设施完善的客房和各式套房，配有东西方两种风格的装饰，客房配备有高速网络连接宽带接口、小酒吧等设施。上海新锦江大酒店共有6个不同风格的餐厅。位于41楼的蓝天旋转餐厅可以俯瞰上海。酒店拥有总面积超过990个平方米的7个多功能厅和宴会厅。

新锦江大酒店是一家集住宿、餐饮、商务、会议、旅游等服务为一体的大型酒店。酒店拥有装修豪华、高雅、环境舒适的各类客房，房间装饰明亮宽敞，设施、设备齐全，均配备免费上网端口，以满足各类宾客的服务需求。酒店拥有大型多功能会议厅，为各级商贸洽谈、研讨会、学术论坛会等会议提供环境极佳的场所，会议的配套服务齐全。酒店还配备商务中心、酒吧、商场、餐厅、桑拿按摩休闲中心、美容美发厅等娱乐设施和专用停车场，并为旅客代办旅游服务。形成了完善的“食、住、行、游、购、娱”配套服务功能系统。

中国银行大厦

中国银行大厦的原址是上海德国总会。1914年第一次世界大战爆发后，德国总会被中国政府接管。中国银行以63万两银元买进，于1922年改建成银行营业楼，1934年建新楼，1937年建成。这幢大楼是外滩众多建筑中唯一一幢由中国人自己设计和建造的大楼，是上海最成功的摩天大楼之一。

中国银行大厦分东西两幢大楼，西大楼为4层钢筋混凝土结构建筑，东大楼是主楼，高15层，加上地下2层，共17层，为钢框架结构。采用中国民族风格方形尖顶，其他栏杆及窗格等处理富有中国民族特色，每层的两侧有镂空图案，中国银行大楼是近代西洋建筑与中国传统建筑结合较为成功的一幢大楼。

1937年，大楼建成后，中国银行总行与上海分行均迁入新楼办公。不久，抗日战争爆发，上海沦陷，中国银行总部被迫迁往内地。

1941年，太平洋战争爆发，银行被汪伪中央储备银行占用。抗战胜利后，中国银行接收了日本横滨正金银行、德国德华银行和被汪伪改组的中国银行。新中国成立后收归国有，现在为中国银行上海分行办公楼。

上海商城

上海商城位于上海市静安区中心的南京西路上，是一座集办公、剧院、酒店和商场为一体的综合性建筑。

整个建筑内有472间豪华服务公寓、面积为3万平方米的甲级写字楼、一个城市超市、三层高档商场、上海商城剧院、贸易展览中心和一个五星级的酒店——波特曼丽嘉酒店。

上海商城由约翰波特曼建筑设计事务所设计，于1990年4月开业。整个建筑由三幢塔楼和一组群楼组成。

上海商城内有多个外国领事馆及其下属部门的办公地点，其中包括美国、爱尔兰、巴西、菲律宾、加拿大、澳大利亚、英国等。

上海商城是上海展览中心与外资合办的一座商业贸易大楼，是一座大型的公共服务性建筑物。外墙不加粉刷，保持水泥本色，呈现光泽。主楼高164.8米，东西公寓大楼高111.5米。整个建筑面积为18.5万平方米，呈现“山”字形。其高度为上海之冠，面积居上海之首。波特曼大楼的特点是追求空间含蕴，体现中西交融。大楼入场处似城堡般高大雄伟。上楼为露天楼梯，通透明亮。庭院四周设置一组组商店和中西并蓄的餐厅。从庭院登上自动扶梯或楼梯，可直达宽敞的大厅。各种展览在这里展示，根据需要优化组合展厅。展厅占地5500平方米。大楼四层是一个多功能中厅，中厅南面有一个剧场，建筑华丽，设有1000个座位。在这里观摩演出，无比舒适。地面以上的建筑有48层，旅馆大楼为主楼，8层以下设银行、邮电、私人俱乐部，还有7座中、日、欧特色的餐厅、酒吧及康乐设施。32层为公寓，拥有500套出租套间。地下室辟有停车场，有300个泊车位。楼顶有花园，还有直升机停机坪。

明天广场

明天广场是上海第五高的摩天大楼。位于黄浦区南京西路与黄陂北路的交叉口，地上55层，高约285米，于2003年10月1日落成。

明天广场是一座具有多功能用途的大厦，包含办公室、一家拥有342间客房的豪华酒店——上海万豪酒店与255间公寓单位，商业中心面积达2万平方米。大厦为尖顶，像一支巨型火箭，平面呈正方形。6层高的天窗中庭则设有商店、餐厅、保龄球馆、会议中心和健身俱乐部等设备。也有出入口连接上海地铁。

明天广场与饮誉申城的上海商城、波特曼香格里拉酒店、梅龙镇伊势丹、新世界商业城、上海展览中心、国际饭店、第一百货等共处繁华的南京路。明天广场成熟的商业环境吸引了无数商贾尽兴把握商贸良机。上海图书馆、美术馆、大剧院、博物馆、工艺美术品商店、古玩商店、国际新闻中心、大光明电影院环拥明天广场，浓郁的艺术氛围令人心醉神往。

大楼线条明快硬朗，外形十分前卫。雄伟的大楼主要分为两部分，下部用作办公楼，外形较复杂多变。上部四方立面的位置是旅馆部分，外观简约平实，使大楼上下形成强烈的对比，但又非常协调。尖顶楼塔是整个建筑的焦点，由四根三角支柱组成，中空的部分下有一个巨型的圆球，十分奇特，在市区里的各处都能看到塔楼独特的峰顶。

花园饭店

花园饭店位于上海市中心原法国俱乐部旧址，毗邻繁华的淮海中路，拥有近30000平方米的花园，由原法国俱乐部巴洛克老式建筑与新建的33层主楼珠联璧合，是一个集古典高雅与豪华舒适于一体的现代化五星级宾馆。于2004年重新装修，楼高34层，共有房间492间，普通标准间的面积为32平方米。

上海花园饭店于1990年开业，由世界知名的大仓饭店集团管理。酒店位于闹中取静的市中心茂名南路，毗邻繁华的淮海路，优越的地理位置令宾客尽享商务、旅游、购物、交通的便捷。春去秋来，花园饭店就像一朵静放的玫瑰，始终在闹市中静候您的光临。

上海花园饭店拥有5个地道又美味的中、西、日各式餐厅，3个美轮美奂、风格迥异的酒吧，10间高雅气派的多功能宴会厅以及商务中心、行政沙龙、精品商场、健身房等其他高档设施，伴以细致入微的服务为您营造温馨舒适的氛围，是一座真正融古典高雅与豪华舒适于一体的现代化商务酒店。

上海科技馆

上海科技馆是上海重要的科普教育基地和休闲旅游基地。占地6.8万余平方米，总建筑面积为9.8万平方米，展示内容由天地馆、生命馆、智慧馆、创造馆、未来馆等五个主要展馆和临时展馆组成，总投资17.55亿元人民币。作为上海市最主要的科普教育基地和重要的精神文明建设基地，已使每个来参观的观众都能在赏心悦目的活动中，接受现代科技知识的教育和科学精神的熏陶。

上海科技馆是由上海市政府在新世纪投资兴建的第一个重大的社会文化项目，以“自然、人文、科技”为主题，以提高公众科技素养为宗旨，是上海重要的科普教育和休闲旅游基地。它位于花木行政文化中心区，世纪广场西侧，南邻世纪公园。2001年的APEC领导人非正式会议就是在这里举行。

上海科技馆设有地壳探秘、生物万象、智慧之光、视听乐园、设计师摇篮、儿童科技园、自然博物馆等七个展区和巨幕影院、球幕影院、四维影院、太空影院及会馆、旅游纪念品商场、临展馆、多功能厅、银行等配套设施。

上海科技馆首期对外开放六个展区、一个分馆：体验各种地质变化的地壳探秘展区；展现雨

林地形、热带植物、奇妙物种及生命奥妙的生物万象展区；少年儿童观察外部世界，参与科技实践活动的儿童科技园；揭示自然规律，演示多种科学现象的智慧之光展区；强调“好主意”是创新之源的设计师摇篮展区；展示现代信息和影视技术的视听乐园展区；陈列3000余件的人类、动物、古生物珍贵标本，讲述生命传奇的自然博物分馆。大到宇宙苍穹，小到生物细胞，众多科学原理和科技成果在这里得到声情并茂的展示，给游人以启迪和教育。此外，还有给人以全新感受和强烈震撼的IMAX立体巨幕影院、球幕影院以及四维影院。

上海东方明珠广播电视塔

东方明珠广播电视塔，又名“东方明珠塔”。坐落在中国上海浦东新区陆家嘴，毗邻黄浦江，与外滩隔江相望。初建于1991年，建成于1994年，投资总额达8.3亿元人民币。高467.9米，为亚洲第一、世界第三高塔，仅次于加拿大的加拿大CN电视塔及俄罗斯的奥斯坦金诺电视塔，是上海的地标之一。

上海东方明珠广播电视塔集广播电视发射、娱乐、游览于一体。263米高的上体观光层和350米处的太空舱是游人鸟瞰全市景色的最佳处所。267米处是亚洲最高的旋转餐厅。底层的上海城市历史发展陈列馆再现了老上海的生活场景，浓缩了上海从开埠以来的历史。

东方明珠塔与隔江的外滩万国建筑博览群交相辉映，展现了国际大都市的壮观景色，是上海的标志性建筑和旅游热点之一。东方明珠塔的名字来源于唐朝诗人白居易《琵琶行》中关于琵琶声音的描写，诗人把琵琶的声音比成珍珠落到玉盘里时发出的美妙声音。东方明珠塔十一个大小不一、错落有致的球体晶莹夺目，从蔚蓝的天空串联到如茵的草地，描绘出一幅“大珠小珠落玉盘”的如梦画卷。东方明珠塔凭借其穿梭于3根直径为9米的擎天立柱之中的

高速电梯，以及悬空于立柱之间的世界首部360°全透明的三轨观光电梯，让每一位游客都能充分感受到现代技术带来的无限风光。

享誉中外的东方明珠空中旋转餐厅以其得天独厚的景观优势、不同凡响的饮食文化、宾至如归的温馨服务，傲立于上海之巅，作为亚洲最高的旋转餐厅，其营业面积达1500平方米，可同时容纳350位来宾用餐。餐厅还提供多款豪华套餐和中西结合的自助餐，百余种美味佳肴不间断供应，让游客共享美食和美景。东方明珠塔各观光层柜台里1000多款造型独特、制作精美的各式旅游纪念品琳琅满目，令人目不暇接、流连忘返。

东方明珠塔每年接待来自五湖四海的中外宾客280多万人次。从远处看，中间的东方明珠塔和两边的杨浦大桥和南浦大桥，巧妙地组合成一幅二龙戏珠的巨幅画卷。

东方明珠塔是上海的标志性建筑，荣列上海十大新景观之一。作为全国旅游热点之一，东方明珠塔又以其优质服务，于2001年初被国家旅游局评为全国首批4A级旅游景点。

上海图书馆

上海图书馆是一座研究型公共图书馆，建于1952年7月，原位于上海南京西路325号。1996年12月20日，上海图书馆新馆正式对外开放，成为一个大型综合性研究型公共图书馆，跻身于世界十大图书馆之列。

上海科学技术情报研究所是一个综合性的情报研究和文献服务单位，成立于1958年11月，原位于淮海中路1634号。1995年10月，上海科学技术情报研究所与上海图书馆合并，成为中国国内第一个省（市）级图书情报联合体。合并后的上海图书馆是上海市人民政府直属的事业单位，归属上海市委宣传部。

上海图书馆拥有设施完善的阅览室、研究室、展览厅、报告厅、学术会议室以及音乐欣赏室和影视观摩室，为读者提供了宽敞、舒适的学习环境。全年接待到馆读者190万人次，流通图书约180余万册。馆藏文献达5095万册，以历史文献最具特色，包括古籍170万册，碑帖拓片15万件，名人手札约10万件。古籍中包括善本2.5万余种、17万册，其中宋元刻本300余种，唐、五代以前写经224余种。在专类收藏方面，有1949年以前编纂的历代地方志约5400种、家谱1.8万余种（342个姓氏）、朱卷（包括会试卷、乡试卷及贡卷）8000余种。在这些珍贵的馆藏中，有国家一级文物700种，二级文物1300种。最早的藏品《维摩诘经》距今已有1400年的历史。中国名人手稿馆还收藏了清末以来的文化名人信函、日记、题词、图片、珍稀文献等5万多件，其中巴金等文化名人的手稿正被逐步数字化。

上海博物馆

上海博物馆是一座大型的中国古代艺术博物馆，陈列面积达2800平方米。馆藏珍贵文物12万件，其中尤以青铜器、陶瓷器、书法、绘画最具特色。藏品之丰富、质量之精湛，在国内外享有盛誉。

上海博物馆创建于1952年，原址在南京西路325号旧跑马总会，并由此开始了它的发展之路。1959年10月迁入河南中路16号旧中汇大楼，在此期间，上海博物馆在各方面都得到了很大的发展。1992年上海市政府做出决策，拨出市中心人民广场这一黄金地段，建造新的上海博物馆馆舍。

该馆陈列面积为2800平方米。分别设中国青铜器陈列室、中国陶瓷器陈列室、中国绘画陈列室、古代雕刻陈列室。该馆的“上海博物馆珍藏青铜器展览”“六千年的中国艺术展览”“上海博物馆珍藏瓷器展览”“明清书法展览”“扬州八怪展览”“明末文人书斋展览”等曾到香港和日本、美国展出。

上海博物馆新馆于1993年8月开始筹建，1996年10月12日全面建成开放。上海博物馆建筑总面积为3.92万平方米，建筑高度为29.5米，象征“天圆地方”的圆顶方体基座构成了新馆不同凡响的视觉效果，整个建筑把传统文化和时代精神巧妙地融为一体，在世界博物馆之林中独树一帜。

从远处眺望，圆形屋顶加拱门的上部弧线，整座建筑就像一尊中国古代的青铜器。上海博物馆的平面布局分开放区、库房区、学术区、科研区、管理

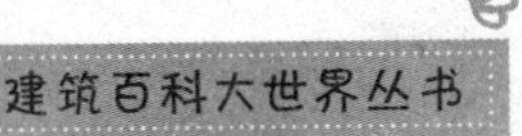

区、设备区等6个区域，现开设12个专题陈列室，展示的珍贵文物以青铜器、陶瓷器、书画为特色，此外还有钱币、玉器、雕塑、查印、少数民族工艺等。上海博物馆陈列面积共计1.2万平方米，一楼为中国古代青铜馆、中国古代雕塑馆和展览厅；二楼为中国古代陶瓷馆、暂得楼陶瓷馆和展览厅；三楼为中国历代书法馆、中国历代绘画馆、中国历代查印馆和展览厅；四楼为中国古代玉器馆、中国历代钱币馆、中国明清家具馆、中国少数民族工艺馆和展览厅。

上海博物馆采用先进的消防安保设施、电化教育设施、文物图书资料电脑管理系统和楼房自动化管理系统、陈列室和库房有自动化控制温湿度设备，各专题陈列室的讲解工作由事先编制好程序的轻巧听讲器担任，观众可以根据文物编号，使用按钮，选择任何一件文物的讲解词，包括汉语和多种外国语种，陈列室还配备有电脑控制的放映机，向观众提供各种相关的文物图像和专业知识。上海博物馆还建有一批研究工作专用室和用于学术报告、辅导活动用的演讲厅，设有同声传译和音像系统。这些一流的设施，为国内外游客提供了良好的参观环境，体现了上海国际大都市的文化品位。

上海博物馆以其收藏的大量精美的艺术文物而享誉国内外。其中，青铜器、陶瓷器和历代书画为其最大特色。其青铜器主要来自晚清以来的几位江南收藏大家，如著名的大克鼎等。馆藏的保卣、召卣，也都是著称于史学界和金文学界的重器。上博陶瓷器的收藏集中了江南的大部分精品，史前时代的良渚文化细刻陶器，为罕见之品。原始青瓷的收藏，也是馆藏的特点。唐、宋各代表性窑口的产品也都有收藏体系。至于景德镇彩瓷的收藏，更具独到之处。

上海国际会议中心

上海国际会议中心位于浦东滨江大道，与著名的外滩建筑群隔江相望。其与东方明珠、金茂大厦一起构成陆家嘴地区的一道著名景观。上海国际会议中心总建筑面积达11万平方米，拥有现代化的会议场馆：有4300平方米的多功能厅和3600平方米的新闻中心各1个，可容纳50～800人的会议厅30余个，豪华宾馆客房近270套，还有高级餐饮设施、舒适的休闲场所和600余个泊车位。1999年9月，20世纪最后一次“财富”世界论坛就是在这里举行的。

上海国际会议中心坐落在浦东陆家嘴东方明珠广播电视塔旁，建成于1999年8月。从外滩隔江相望国际会议中心，只见乳白色的外墙轻轻地托起两只巨大的球体。大球直径为50米，高51米；小球直径也是50米，但高只有38米，一大一小，相映成趣。球体上的透明玻璃拼装出世界地图图形，寓意“上海走向世界”。上海国际会议中心的外墙总面积达2.586万平方米，采用了微晶银幕墙、花岗石幕墙、金属铝板幕墙、

玻璃幕墙等外墙材料，显得凝重高雅。外墙上安装的25只、每只重约8吨的石柱帽更突出了建筑物的雄伟壮观。

上海国际会议中心工程由香港世博投资有限公司投资建造、香港华福工程咨询公司设计。占地2.1万平方米，建筑面积为4.3219万平方米，分为会议中心和宾馆两部分。会议中心的地下室工程占地4268平方米，为设备层和地下车库，层高4.2米～6.6米不等，底板为钢筋砼筏板基础，厚1.2米～1.7米不等，钢筋设置在上下两层，硅用量为6317米，设计要求整个底板不留任何施工缝隙，应一次浇筑完成。此底板钢筋混凝土具有结构厚、体型大、钢筋密、混凝土用量大的特点。

上海国际会议中心内的东方滨江大酒店地处陆家嘴金融贸易中心，于1999年8月开业，总建筑面积为11万平方米，作为上海市的标志性新景观，被评为建国五十年十大经典建筑之一。交通设施方便快捷，地铁2号线近在咫尺。酒店拥有260间豪华客房、风格迥异的餐厅和丰富多样的娱乐、健身设施。位于酒店7楼的上海厅可以同时容纳3000人的会议，是上海目前最大的无柱型多功能厅。另有25个大小不等的会议室，可满足各种会议的需求。

上海大剧院

上海大剧院位于上海市中心人民广场，占地面积约为2.1万平方米，建筑风格独特，造型优美，是上海的又一个标志性建筑，从而使人民广场成为上海名副其实的政治文化中心。

上海大剧院从1994年9月开始兴建，至1998年8月完工。总建筑面积为6.2803万平方米，总高度为40米，分地下2层，地面6层，顶部2层，共计10层。其建筑风格新颖别致，融汇了东西方的文化韵味。白色弧形拱顶和具有光

感的玻璃幕墙有机结合，在灯光的烘托下，宛如一座水晶宫殿。

上海大剧院有近2000平方米的大堂作为观众的休闲区域，大堂以白色为主调，高雅而圣洁。大堂上空悬挂着由6片排箫灯架组合而成的大型水晶吊灯，地面采用举世罕见的希腊水晶白大理石，图案形似琴键，白色巨型的大理石柱子和两边的台阶极富节奏感，让人一走进大堂就仿佛置身于一个音乐殿堂。

大剧场的建声要求极高，音响和灯光设备更具独特性能。音响系统选用美国JBL专业设备，灯光系统采用比利时ADB公司的顶级产品。舞台设备全部采用计算机控制，能满足世界上级别最高的剧团的演出要求。

除了演出功能外，上海大剧院还有一个1600平方米的观光餐厅。此外，还有贵宾厅、咖啡厅、地下车库等配套设施。

上海大剧院自1998年8月27日开业以来，已成功上演过歌剧、音乐剧、芭蕾舞、交响乐、话剧、戏曲等各类大型演出和综艺晚会，在国内外享有很高的知名度，许多国家领导人和外国政要、国际知名人士光临大剧院后，都给予了高度评价，认为上海大剧院是建筑与艺术的完美结合。上海大剧院日益成为上海重要的中外文化交流窗口和艺术沟通的桥梁。

大剧院大剧场共设1800个座位，分三层看台，每层看台间的比例按视觉、听觉各结构的和谐而确定，称为“法国式”结构。其中正厅1100座，二层300座，三层400座。座位的配置符合国际第一流剧院的优级配置，使全部观众尽量靠近舞台，从多样化的三维角度观赏演出。其中正厅座位从前排至后排坡度高达5米，令视线大为扩展，这种安排也符合矩形观众厅的音响要求。

中剧场坐落在大剧院一楼，观众厅分为三层，装饰华丽，座椅舒适豪华，可容纳600多名观众，适合召开各种会议及小型文艺演出。

小剧场位于大剧院五楼，面积约为400平方米，场内座椅可收缩贮存，可根据需要，进行单面、二面、三面、四面多方位灵活安排，最多可容纳300人，舞台也可以随意组合。除小型演出、时装表演外，使用其所配备的投影、幻灯设备还可召开各种会议及产品展示。

上海体育馆

上海体育馆，又称“上海大舞台”，坐落在上海西南地区著名的华亭宾馆对面，1975年建成使用。主馆呈圆形，高33米，屋顶网架跨度直径为110米，可容纳观众18000人。1999年经改建，新增1250平方米的双层舞台，设施先进，是目前国内首家剧院式的体育馆。可承接各类文艺演出、大型体育比赛、集会、大型展览等，观众容量仍可保持在12000人左右。

上海大舞台四周绿荫环绕，与可容纳8万人的体育场相映生辉，构成上海市旅游的新亮点。体育馆的地理位置优越，交通便利，地铁、轻轨、多条公交线路和旅游干线可通往各区、县、旅游景点及至邻近省市。

上海大舞台附属涉外宾馆——运动员之家，环境整洁舒适、服务周到优良、价格合理，是海内外游客的理想选择。宾馆设大、小会议室，配套齐全，可承办各中小型企业商务活动。

上海大舞台是国内首家剧院式大型室内体育馆，可容纳1万名观众，改建至今举办过“上海市庆祝建国50周年文艺晚会”“金舞银饰”大型服饰舞蹈晚会、迪士尼冰芭“白雪公主和七个小矮人”、保尔·莫利亚轻音乐会等经典文艺演出，是上海市文化市场的一道亮丽的风景线。作为2002年中国上海国际艺术节闭幕演出，“歌剧之王”多明戈亮相上海大舞台，为申城观众献上了一台精彩的音乐会。

世界广场

世界广场位于上海市浦东新区世纪大道南侧，在浦东南路与乳山路的交叉口。

世界广场为智能型的综合商业办公楼，总高度为199米。其中主楼高150.3米，地上38层，地下3层，塔顶玻璃尖塔高21.23米，塔桅杆高27.47米。建筑总面积为8.64万平方米，其中地上建筑面积为6.7万平方米，地下为1.94万平方米，1995年建成使用。

建筑物在浦东南路一侧有一个十分醒目的主入口，正面有一连串有高度变化的台阶，四周有花坛。从主入口进入，有一个高15米、气度不凡的中庭，与宽阔的商场融为一体。在乳山路一侧另设有环形车道供贵宾进出，并设有约5米高的瀑布水帘，水帘从岩石上奔泻而出，犹如一道在空中飘浮的绸布。

裙房共有3层，设置餐厅、商场、健身房等，每层均有自动扶梯相连。地下也有3层，地下一、二层西半部为商场，地下二层与地铁出入口相连。地下一、二层东半部为停车场，有300个车位。

世界广场标准层的平面为八角形，上部层层收进，顶部好似一个由玻璃构成的金字塔形尖顶。入夜后，由于投光灯的照射，晶莹的塔顶像一只光芒四射的灯笼，悬空挂起，加上整座大楼也有投光灯照射，显得通明光亮，吸引着黄浦江两岸的游人。

上海西郊宾馆

上海西郊宾馆是上海最大的五星级花园别墅式国宾馆。占地77万余平方米，园内遍植名木古树、奇花异草，亭台水榭点缀着8万平方米的湖面。西郊宾馆是有着40多年历史的国宾馆，接待了包括英国女皇、日本天皇、德国前总理科尔、美国总统布什、俄罗斯总统普京、美国第四十四届总统奥巴马等在内的百余批国内外名人政要，毛泽东、邓小平、江泽民、胡锦涛、温家宝等国家重要领导

人也曾在此下榻。APEC峰会、上海合作组织的成立和五周年庆典活动均在此举行。如今，这里已成为召开国际会议、举行高端商务活动的首选之地。

西郊宾馆拥有得天独厚的地理优势和绚丽的园林美景，错落有致地散布着80多栋风格各异的别墅。拥有配套功能最齐全的体育活动中心，会议中心更以其一流完善的设施，成为会见、会议和大型商务宴请的首选之地。

上海西郊宾馆于1960年开业，2001年重新装修，楼高4层，有客房140间。

西郊宾馆距上海虹桥机场4千米，距上海火车站12千米，距离市中心人民广场9.5千米。交通便利，地理位置极佳。

上海久事大厦

上海久事大厦位于黄浦江畔中山东二路与东门路的交叉处，高168米，建筑总面积为6.1万平方米，地上40层，地下3层，为钢筋混凝土结构。

大厦地处外滩南端。如果把上海最主要的景观——外滩万国建筑博览会，看作是一条“龙”，那么上海久事大厦就是这条龙的“龙尾”。

上海久事大厦设有独特风格的“空中花园”，创造了人性化的办公空间，不但利于大厦内的自然通风，而且利于不同楼层间办公人员的相互交流。

由久事大厦公司投资开发的上海久事大厦耸立于举世闻名的外滩金融街，建筑面积为6.808万平方米，总高168米，由主楼和辅楼两部分组成，主楼为智能纯办公楼，面积为5.03万平方米，地上40层，层高4米。6层的辅楼具商业、餐饮等多种功能，面积为9290米，地下3层，泊车位250个。

大厦为全通透玻璃幕布墙，每层都设有高效智能的光缆，并配置有四颗卫星电视接收装置。

浦东国际机场

上海浦东国际机场位于中国上海市浦东新区的江镇、施湾、祝桥滨海地带，面积为40平方千米，距市中心约30千米。2009年，浦东机场日均起降航班达800架次，航班量已占到整个上海机场的60%左右。通航浦东机场的中外航空公司已达48家，航线覆盖90余个国际（地区）城市、62个国内城市。

上海浦东国际机场是中国（包括港、澳、台）三大国际机场之一，与北京首都国际机场、香港国际机场并称中国三大国际航空港。上海浦东国际机场位于上海浦东长江入海口南岸的滨海地带，距虹桥机场约40千米。

浦东机场一期工程于1997年10月全面开工，1999年9月建成通航。一期建有一条长4000米、宽60米的4E级南北向跑道，两条平行滑行道，80万平方米的机坪，共有76个机位，货运库面积达5万平方米，同时，装备有导航、通信、监视、气象和后勤保障等系统，能提供24小时全天候服务。

浦东航站楼由主楼和候机长廊两大部分组成，均为三层结构，由两条通道连接，面积达28万平方米，到港行李输送带13条，登机桥28座；候机楼内的商业餐饮设施和其他出租服务设施面积达6万平方米。

上海鲁迅纪念馆

上海鲁迅纪念馆是新中国成立后第一个人物性纪念馆，也是新中国成立后的第一个名人纪念馆。上海鲁迅纪念馆以鲁迅故居、鲁迅墓、鲁迅纪念馆的生平陈列三位一体。上海鲁迅纪念馆，1950年春由华东军政委员会文化部筹备，1951年1月7日正式开放，周恩来总理题写馆名。鲁迅纪念馆是全国爱国主义教育示范基地和上海市红色旅游主要景点之一。

上海鲁迅纪念馆原与山阴路上海鲁迅故居毗邻，1956年9月迁入虹口公园（今鲁迅公园）。同年10月，鲁迅墓由上海虹桥路万国公墓迁葬于虹口公园，并由毛泽东主席题写碑文。

1998年8月开始进行改扩建，于1999年9月25日建成开放。新馆占地4212平方米，建筑面积为5043平方米。一层建有文化名人专库“朝华文库”，学术报告厅“树人堂”，专题展厅“奔流艺苑”等，二层为鲁迅生平陈列厅。

1994年由上海市政府命名为爱国主义教育基地。

2001年6月，由中共中央宣传部公布为全国爱国主义教育示范基地。

上海环球金融中心

上海环球金融中心是位于中国上海陆家嘴的一栋摩天大楼，是中国目前第二高楼、世界第三高楼、世界最高的平顶式大楼，楼高492米，地上101层。

上海环球金融中心是以日本的森大厦株式会社为中心，联合日本、美国等40多家企业投资兴建的项目，总投资额超过1050亿日元（逾10亿美元）。原设计高460米，工程地块面积为3万平方米，总建筑面积达38.16万平方米，毗邻金茂大厦。1997年年初开工后，因受亚洲金融危机的影响，工程曾一度停工。2003年2月工程复工。

大楼楼层规划为地下2楼至地上3楼是商场，3～5楼是会议设施，7～77楼为办公室，其中有两个空中门厅，分别在28～29楼及52～53楼，79～93楼是酒店，将由凯悦集团负责管理，90楼设有两台风阻尼器，94～100楼是观光、观景的地方，共有三个观景台，其中94楼为“观光大厅”，是一个约700平方米的展览场地及观景台，可举行不同类型的展览活动，97楼为“观光天桥”，在第100层又设计了一个最高的“观光天阁”，长约55米，地上高达474米，超越加拿大国家电视塔的观景台，超过杜迪拜的迪拜塔观景台（地上440米），成为未来世界最高的观景台。

同济大学大礼堂

同济大学大礼堂建成于1962年，原建筑面积为3600平方米，此次保护性改造工程建筑面积达7000平方米，为装配式现浇钢筋混凝土联方网架结构。该建筑于1999年10月获“新中国50年上海经典建筑”提名奖，近年被列入上海市第四批优秀历史建筑名单。其间，学校曾多次对大礼堂进行改造和扩建。

大礼堂的改造工程于2005年11月开工，除了对大礼堂进行外立面改造、室内环境装修和放映、音响设备更新外，设计师更是将建筑节能理念充分融入了历史建筑的保护性改造过程中。其主要表现在三个层面：采用屋面外保温和室内主立面内保温的室内外相结合的保温方式；在改建层面上，选择将老门窗改成断桥铝并在表面贴木皮的方式，既保持了建筑物原有的样式，又起到保温节能的效果，同时在采光窗上安装机械联动装置，能在开会和放电影时自动开

启和调节通风和采光，还利用庭院式的采光和通风方式达到自然节能的目的；在新建层面上，采用“地源新风”、座椅柱脚送风方式等多种建筑节能技术。所谓“地源新风”，就是利用热传递原理，达到节约电能的目的。如在大礼堂旁地下5米处，人工挖出一道数十米长的用以采风的地下道，地下道的一端与空调系统相连，地面5米以下的温度为13℃左右，冬暖夏凉，外界空气通过地下道经热传递后，再送入空调进行适度降（升）温，大大节省了空调运行费，比传统空调系统节能20%。

特别值得一提的是此次大礼堂的音响系统改建，据有关专家评论，改建后大礼堂的音响效果与上海大剧院及上海东方艺术中心相比，毫不逊色。

大礼堂经过新年交响音乐会的首场演出后，还将对其相关功能做进一步的完善，最终她将以最佳的姿态迎接百年校庆的到来。

自贡恐龙博物馆

自贡恐龙博物馆修建在世界著名的恐龙化石产地——大山铺，距自贡市中区约11千米，占地77万余平方米，是中国西南地区规模最大的博物馆。也是目前世界上拥有大规模恐龙化石埋藏遗址保存且最具特色的专门遗址性博物馆。

自贡位于四川盆地南部，是中国西南地区一座极具特色的国家级历史文化名城。自1915年以来，在其4000多平方千米的土地上，已累计发现近200个恐龙及其他古脊椎动物化石的产出地点。其中，恐龙化石产地达160余处，并已鉴定出20多种恐龙，占四川盆地已知恐龙种类的1/2以上，约占中国已知恐龙种类的1/5，自贡因此成为世界著名的“恐龙之乡”。

为了有效保护和开发利用丰富的自贡恐龙化石资源，1984年，在有“恐龙群窟，世界奇观”之称的自贡大山铺恐龙化石群埋藏遗址，动工兴建了我国首

座专门性恐龙博物馆——自贡恐龙博物馆。该馆自1987年建成对外开放以来，以其独特的建筑、丰富的展品、壮观的埋藏、生动的陈列、优美的环境，赢得了世人的青睐，迄今已接待观众500多万人次。同时，还先后到日本、泰国、丹麦、美国、南非、澳大利亚、新西兰、韩国等国家以及国内的30多座大中城市进行展出，接待观众1000多万人次。

自贡恐龙博物馆的主体建筑立意新颖，造型独特，建筑面积达6000多平方米，它的外形如同天然巨石堆垒而成的“岩窟”；其内有地下室、一楼、二楼三个层次，陈列使用面积3600多平方米。现有基本陈列包括“恐龙世界”“恐龙遗址”“恐龙时代动植物”“珍品厅”四大部分。

昆阳郑和公园

郑和公园，位于云南省滇池南岸晋宁区昆阳镇的月山，距离昆明60千米。原名“月山公园”，因昆阳是郑和故里，其父马哈只墓又在月山上，故于1979年改为今名。16万余平方米的林园中，松林、柏林、果林郁郁葱葱；登高远望，景象开阔。郑和本姓马，小字三保。回族。公元1371年生于昆阳。

郑和公园内庄严肃穆，苍松翠柏与果林交相辉映。南大门两侧有“郑和七下西洋”的浮雕，浩浩荡荡的船队乘风破浪，向西驶去，气势雄浑，巍然壮观。东大门在昆阳大街中段，玻璃坊顶，翼角红墙。园内建有“郑和纪念馆”和“马哈只碑”等。郑和纪念馆里陈列着100多件各式各样的珍贵文物，其中有郑和航海图、郑和远洋楼船模型、郑和下西洋的图片及文字资料。纪念馆西面的松柏林中，有郑和父亲马哈只墓。因郑和11岁丧父，已记不清父亲的名字，只知道祖父和父亲都到达回教圣麦加朝圣，被人们尊称为“哈只”（阿拉伯语意为“虔诚而有学识修养的巡礼人”），于是碑文中便写“公字哈只”，碑也就俗称为“马哈只碑”了。此外，还有“郑和纪念亭”等。

桂林乐满地度假世界

桂林乐满地度假世界位于广西桂林市兴安县，桂林以山水甲天下闻名于世，兴安县以其丰富的旅游资源获得“全国十大魅力名镇”的称号，兴安和阳朔作为大桂林的两颗旅游明珠，分别位于桂林南北两端，素有“一根扁担两个箩，南有阳朔北兴安”之称。桂林乐满地度假世界占地400万平方米，是国家首批5A级旅游景区，中国自驾车旅游品牌十大景区，是广西目前最大的旅游台商投资项目，整个项目计划投资总额为31亿元人民币。目前已完成的全国十佳主题乐园、五星级度假酒店、丽庄园森林别墅区、全国十佳高尔夫俱乐部构成了集尊贵、自然、浪漫、闲逸、欢乐为一体的度假胜地——桂林乐满地度假世界。乐满地度假世界由台商马志玲先生投资兴建，是国内风格独具的休闲型度假别墅区，也被称为中国的“迪斯尼”。包括时尚、动感、刺激与欢乐并存的主题乐园、集广西少数民族艺术及乐满地欢乐文化的五星级度假酒店、依山势高低错落而建的丽庄园森林别墅区、美式丘陵国际标准27洞高尔夫俱乐部。

整个度假村按照其功能划分为三个区：木屋区、露营平台区和森林游乐区。

乐满地度假酒店获得中国建筑最高奖——鲁班奖。被地中海式园林、中式园林包围着，隐谧在山林中的度假酒店，宁静中显现出温柔。酒店大堂入口处

地面的壮族铜鼓图腾装饰，大堂天顶的桂北少数民族榫木质结构、水院内的侗族钟鼓楼以及房间内的瑶、壮族风情装修风格……处处充满着浓郁的少数民族建筑艺术。同时，风格独特的各种餐厅能提供精美的点心和丰富的美食，功能齐全的会议设施能满足商务客人休闲、劳逸结合的需求，更有别具一格的民俗特色商品街和全面体现休闲度假氛围的康乐、养生中心，能让客人体验到艺术与品位完美结合的度假天堂。

丽庄园森林别墅区均选用全天然优质木材建造，在这里，还可以充分享受到一种远离尘嚣、怡然自得的度假环境，为崇尚自然及要求自我私密空间的客人提供一种独特的旅游情趣。

作为一个高档次、大规模、风格多样、内容丰富的大型综合性旅游度假场所，桂林乐满地度假世界填补了桂林市人文景观和高科技游乐园的空白，为桂林、广西乃至整个华南地区的旅游市场起到了积极的推动作用，注入了一股新鲜的活力，并成为大桂林旅游圈的新地标。

广东科学馆

广东科学馆位于广东中山纪念堂西侧，是我国第一个科学馆。建筑面积为8850平方米，其中科学会堂设有900个座位，并有阶梯式报告厅、小报告厅、教室等。广东科学馆始建于1956年，1958年竣工，是陶铸同志为科技人员开展科技活动而批准兴建的，并由郭沫若同志亲笔题写馆名。

广东科学馆坐落在风景秀丽、四季如春的越秀山南麓，中山纪念堂西侧，环境清新幽雅，周围绿树成荫，整座建筑宏伟壮观。琉璃绿瓦，飞檐滴水，具有鲜明的民族特色，与中山纪念堂交相辉映，是新中国最早兴建的科技活动场所之一。

在广东省委、省政府和全省广大科技人员的热情关怀和大力支持下，1994年，科学馆进行了全面的装修改造。装修一新的科学馆有可容纳720人的科学会堂一个，150～300人的学术报告厅、展览厅8个，50～100人的交流室10个以及30人左右的贵宾室、接待室7个。科学会堂、学术报告厅和部分会议室都有独立的空调系统、配备先进的音响和比较完善的电化设备，可进行演出、电影放映、联欢联谊会等多种活动。广东科学馆已成为我省学术交流、科技培训、科普展览的重要阵地和进行各种会议的最佳场所之一。今年已完成学术交流、科技会议、科普展教等7139场次，接待686618人次。

广州电视塔

广州塔，别名“小蛮腰”“海心塔”“广州新电视塔”。位于广州市中心，与海心沙岛和广州市21世纪CBD区珠江新城隔江相望。于2009年9月建成，包括发射天线在内，广州塔高达600米，是当时世界上已建成的第一高塔，成为广州的新地标。广州塔已于2010年9月29日正式对外开放，10月1日起正式公开售票接待游客。

广州塔距离珠江南岸125米，是一座以观光旅游为主并具有广播电视发射、文化娱乐和城市窗口功能的大型城市基础设施，为2010年在广州召开的第十六届亚洲运动会提供转播服务。

广州电视塔建筑用地面积为17.546万平方米，总建筑面积为11.4054万平方米，塔体建筑面积为4.4276万平方米，地下室建筑面积为6.9779万平方米。

广州塔塔身设计的最终方案为椭圆形的渐变网格结构，其造型、空间和结构由两个向上旋转的椭圆形钢外壳变化生成，一个在基础平面，一个在假想的450米高的平面上，两个椭圆彼此扭转135°，两个椭圆扭转在腰部收缩变细。格子式结构的底部比较疏松，向上到腰部则比较密集，腰部收紧固定了，像编织的绳索，呈现“纤纤细腰”，再向上，格子

式结构放开，由逐渐变细的管状结构柱支撑。平面尺寸和结构密度是由控制结构设计的两个椭圆控制的，它们同时产生了不同效果的范围。整个塔身从不同的方向看都不会出现相同的造型。顶部更开放的结构产生了透明的效果可供瞭望，建筑腰部较为密集的区段则可提供相对私密的体验。塔身整体网状的漏风空洞，可有效减少塔身的笨重感和风荷载。塔身采用特一级的抗震设计，可抵御强度为7.8级的地震和12级台风，设计使用年限超过100年。新电视塔将安装6部高速电梯，提升高度将达到438米，为世界上最高，这些高速电梯可在1分半钟直达顶层。为解决电梯对耳膜的影响，施工单位将在电梯中安装气压调节装置。据介绍，这是中国电梯首次安装该装置，预计届时新电视塔接待的人流量将超过东方明珠。

广州白云机场

广州白云国际机场位于广州市北部的白云区，因东面有白云山而得名。始建于20世纪30年代，最初主要用于军事。

广州的民用机场在天河，即现在的天河体育中心一带。到了1959年，广州飞行队由天河机场迁至广州白云机场。刚开始时，白云机场还是军民共用机场，直至60年代中期，白云机场改为民用机场。

1947年改为民航国际机场，后扩建成中型机场。1950～1959年改为空军使用，之后重为民航机场。1964～1967年进行全面扩建，具备与外国通航的条件。1980年代分别对储油库、停机坪、候机楼、登机桥、候机楼和维修机库等设施进行改造和扩建，达到国际一级机场的标准。1992年后由于民航体制改革，机场作为一个独立的经济实体运作，2002年旅客吞吐量达到1601.44万人次，货邮行吞吐量达到59.26万吨。但是随着城市的不断发展、航空交通越

来越繁忙，搬迁势在必行。

新白云国际机场于2000年8月正式动工，历时4年于2004年8月2日竣工，并于同年8月5日零时正式启用，与此同时，服务了72年的旧白云机场也随之关闭。

如今白云机场旧址已建有白云国际会议中心等现代化建筑及多条横跨昔日跑道位置的马路。

新建的白云机场是国内三大航空枢纽机场之一，在中国民用机场布局中占据着重要地位，总投资198亿元，2004年8月5日，广州新白云国际机场正式投入运营。这是我国首个按照中枢机场理念设计和建设的航空港。机场占地面积为15平方千米。其中，新机场一期航站楼面积为32万平方米，是国内各机场航站楼之最，楼内所有设施设备均达到当今国际先进水平，是中国南方航空集团公司、深圳航空公司和海南航空公司的基地机场。

佛山李小龙乐园

李小龙乐园位于风景秀丽的广东省省级旅游度假区——顺德均安镇，李小龙祖居就位于离乐园约1千米的“上村”。乐园面积近200万平方米。这里拥有典型的岭南丘陵地貌，园内有22座青山环抱，湖泊连绵、绿树成荫、空气清新、环境清幽，远离都市喧闹，堪称珠三角的“世外桃源”。

按照规划，李小龙乐园将以李小龙纪念馆为主体项目，建筑面积为5000平方米。纪念馆以李小龙的生平、武艺、演艺和家族史的展览、展示为主，为现代岭南民居风格，以李小龙饰演的主要影片场景设计街景。

该纪念馆的占地面积、馆藏资料及配套设施要超过香港李小龙纪念馆及美国李小龙纪念馆。李小龙乐园内放置一个18.8米高的李小龙花岗石雕像。并且还将同步推进李小龙会议中心、李小龙文武学校、矿泉理疗度假酒店、生态湿地公司与湿地研究中心、中草药花卉园以及蚕桑果蔬园、体训野战营、自助野餐营地等设施的建设，以完善项目的整体配套功能。

李小龙乐园拥有世界最大的凤凰石雕、著名的观鸟圣地“白鹭天堂”、壮观的“清凉瀑布”、逼真震撼的“山洪景观”、体现岭南文化的“珠三角风情馆”、充满乐趣的桑基鱼塘生态农庄……园内现有植物420多种，鸟类60种，其中以鹭的数量居多。每当朝夕时分，万鹭岛周围的鹭轻歌曼舞，绿树上似白雪挂枝，场面蔚为壮观。人们可以在乐园里开心地捉鱼、滑索、攀岩、划竹排、骑情侣单车、观鸟游船或参加军事训练营，还可以进行垂钓、烧烤、野炊等休闲项目……环境幽雅的鹭鸣轩餐厅可以容纳500人就餐，在这里可以尽情品尝地道的顺德美食。

乐园以“热爱大自然，保护大自然”为主题，重视科普及环保教育，寓教于乐，先后被授予“全国科普教育基地”“广东省旅游生态基地”“‘桑基鱼塘’示范基地”“广东省国防教育基地”等殊荣。2005年12月，经过顺德市民广泛投票和专家评委会严格评审，顺德李小龙乐园被评为“顺德新十景”之一。

中国台北101大厦

台北101大厦，又称“台北101大楼”，原名“台北国际金融中心”，是目前世界第二高楼（2010年），位于我国台湾地区台北市信义区，由建筑师李祖原设计，保持了中国世界纪录协会多项世界纪录。台北101大厦曾是世界第一高楼，以实际建筑物高度来计算已在2007年7月21日被当时兴建到141楼的迪拜塔所超越，2010年1月4日迪拜塔的建成（828米）使得台北101大厦退居世界第二高楼。

台北101大厦位于信义区西村里信义路五段7号，1999年7月始建，2003年10月17日建成。占地30.278万平方米，建筑面积为28.95万平方米。建筑高度为508米，共有104层，地上101层，地下3层。采用钢筋混凝土结构，并且是新式的巨型结构。耗资580亿元新台币。

台北101大厦是世界上第一座防震阻尼器外露于整体设计的大楼，重达660吨，在85、86与88楼用餐可以看到这个带有装饰且外形像大圆球的阻尼器，其直径5.5米也是世界第一。

台北101大厦还拥有世界上最快的电梯，电梯的攀升速度为1010米每分钟，从5楼直达89楼的室内观景台只需37秒，其长度也是世界之最。

台湾位于地震带上，在台北盆地的范围内，又有三条小断层，为了兴建台北101大厦，其建筑的设计必须要能防

止强震的破坏。并且台湾每年夏天都会受到太平洋上形成的台风影响，抗震和防风是修建台北101大厦所需克服的两大问题。为了增加大楼的弹性来避免强震所带来的破坏，台北101的中心由一个外部为8根钢筋的巨柱所组成。

但是良好的弹性却也让大楼面临微风冲击，即有摇晃的问题。为了避免这个问题，大楼内设置了“调谐质块阻尼器”，是在88～92楼挂置一个重达660吨重的巨大钢球，利用摆动来减缓建筑物的晃动幅度。据台北101告示牌所言，这也是全世界唯一开放给游客观赏的巨型阻尼器，更是目前全球最大的阻尼器。

中国香港文化中心

香港文化中心是一个现代化的表演艺术中心，为本地市民及海外游客提供各类多姿多彩的文娱艺术节目。香港文化中心的落成和启用揭开了香港文化艺术新的一页。香港文化中心于1979年奠基，1984年动工兴建，1989年正式启用。香港文化中心位于尖沙咀海的优越位置，设备先进，各种一流的艺术表演都慕名而来，包括各式音乐会、歌剧、音乐剧、大型舞蹈及戏剧、实验剧场等演出，也是举行电影欣赏、会议及展览等活动的理想场地。

香港文化中心建于香港火车站旧址，设备完善。建筑物滑梯式的屋顶设计已成为海港景色的标志。文化中心的外形犹如回力刀，流线型的屋脊简约优雅，围着建筑物呈三角形空间的上盖柱廊，与建筑物本身融为一体。斜坡式的外观让香港文化中心易于辨认，其最大特点是“没有窗户”，在设计时取“里面的表演由观众自行评判”的寓意。

香港文化中心设备先进，包括一个有2100个座位的音乐厅、两个大剧场、一个试验剧场、美术馆，还有六个展览厅在内的多种设施。此外，还有餐厅、快餐店、酒吧和其他设施。

文化中心特别为游客设有中心游，有导游带领参观文化中心的每一角，包括各个表演场地和艺术装置，最适合第一次前往观光的朋友参加。

中国香港中银大厦

香港中银行大厦，俗称“中银大厦”。中银大厦是中银香港的总部，位于香港中西区金钟花园道1号。竣工于1989年，1990年正式投入使用。原址为美利楼。大厦为香港第三高的建筑物，仅次于国际金融中心及中环广场。

中银大厦的总建筑面积为12.9万平方米，地上70层，楼高315米，加顶上两杆的高度共有367.4米。结构采用4角12层高的巨型钢柱支撑，室内没有一根柱子。外形像竹子一样“节节高升”，象征力量、生机、茁壮和锐意进取的精神。基座的麻石外墙代表长城，代表中国。

中银大厦整栋大楼以三楼营业厅、17楼高级职员专用餐厅兼宴客厅与顶端70层的“七重厅”等处最受瞩目。

两层楼高的营业空间气势恢宏，以石材为室内的主要建材更增加其气派，位于该层中央直达第17楼的内庭，其在询问服务台上方的天花处形成一个金字塔，令人联想到巴黎卢浮宫的设计，同样是金字塔造型，两者的空间意义是不同的，卢浮宫一案是由玻璃形成一个罩覆的实体空间，中银大厦是在一个实体空间中塑出虚构的空间。

17楼是第一个

有斜面屋顶的楼屋，斜面有7层楼高，在北侧的休闲厅，透过玻璃天窗可以仰视到大厦的上部楼层，从中庭可以俯瞰到营业大厅，空间的流畅性在这里体现得淋漓尽致。

玻璃帷幕墙需要定期清洗，中银大厦的造型独特，清洁维护也需要特殊的设计配合，因为建筑物没有平台，清洁工作台需要储藏在第18、31、44与69楼的机械房内，操作时，工作台得由特别设计的门窗出入，斜面的部分，与喷泉大厦的方法相同，在斜面周边设计轨道以架设工作台，受大斜撑构体的影响，垂直的窗棂不是连续的，工作台的挂钩特别加长以增加安全性。

中国澳门金莲花广场

金莲花广场位于澳门新口岸高美士街、毕仕达大马路及友谊大马路之间。金莲花广场是为庆祝1999年澳门回归祖国而设立的，是澳门其中一个著名的地标及旅游景点。

1999年12月20日，中华人民共和国恢复对澳门行使主权，并成立澳门特别行政区。中华人民共和国中央人民政府鉴于此，向澳门致送了一尊名为“盛世莲花”的雕塑，大、小各一件，置于广场上的大型雕塑重6.5吨，高6米，花体部分最大直径为3.6米；小型雕塑直径为1米，高0.9米，于澳门回归纪念馆展

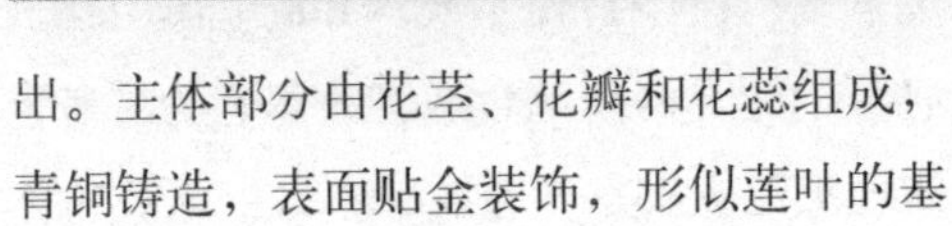

出。主体部分由花茎、花瓣和花蕊组成，青铜铸造，表面贴金装饰，形似莲叶的基座部分则由23块红色花岗岩相叠组成，寓意澳门三岛。莲花是澳门特别行政区区花，莲花盛开、亭亭玉立、冉冉升腾，象征澳门永远繁荣昌盛。

盛世莲花的整个设计象征澳门坐落在中国疆土之内，澳门是中华人民共和国不可分割的一部分。花岗岩的正面有一块小牌匾，匾名“盛世莲花”，而匾上的文字写道：“中华人民共和国国务院赠澳门特别行政区政府”以及赠送日期，即“一九九九年十二月二十日”。